li

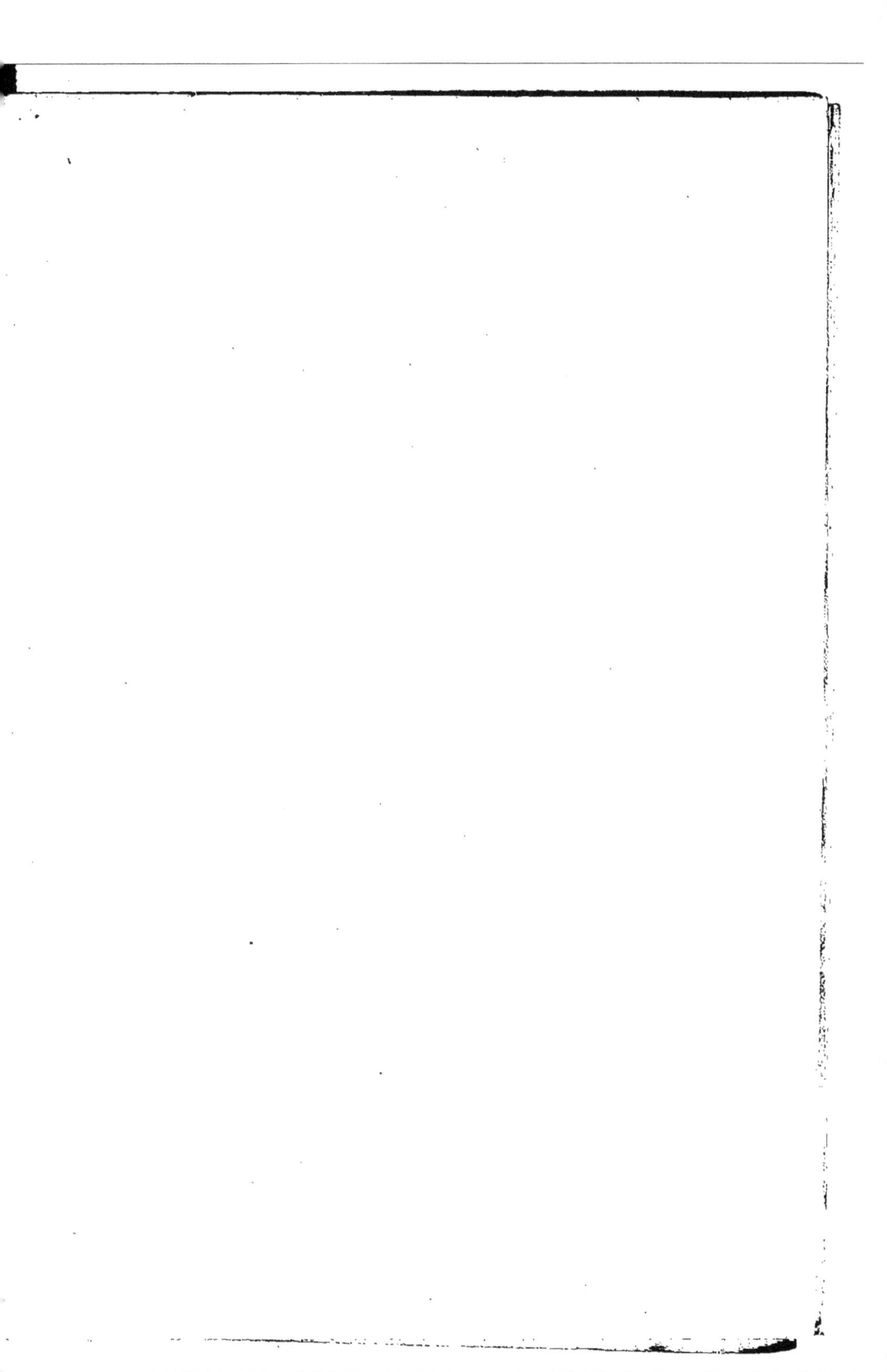

ÉTUDE

DU

TÉLÉGRAPHE HUGHES

PARIS. — IMPRIMERIE DE E. DONNAUD

9, RUE CASSETTE, 9

ÉTUDE

DU

TÉLÉGRAPHE HUGHES

COURS THÉORIQUE ET PRATIQUE

A L'USAGE DES TÉLÉGRAPHISTES ET AGENTS SPÉCIAUX

PAR

Louis BOREL

COMMIS PRINCIPAL DES TÉLÉGRAPHES

Chargé du Cours de Télégraphie élémentaire à l'Administration centrale.

OUVRAGE PUBLIÉ AVEC L'AUTORISATION DE L'ADMINISTRATION

ATLAS DE FIGURES

PARIS

CHEZ L'AUTEUR, 16, RUE DE GRAMMONT

1873

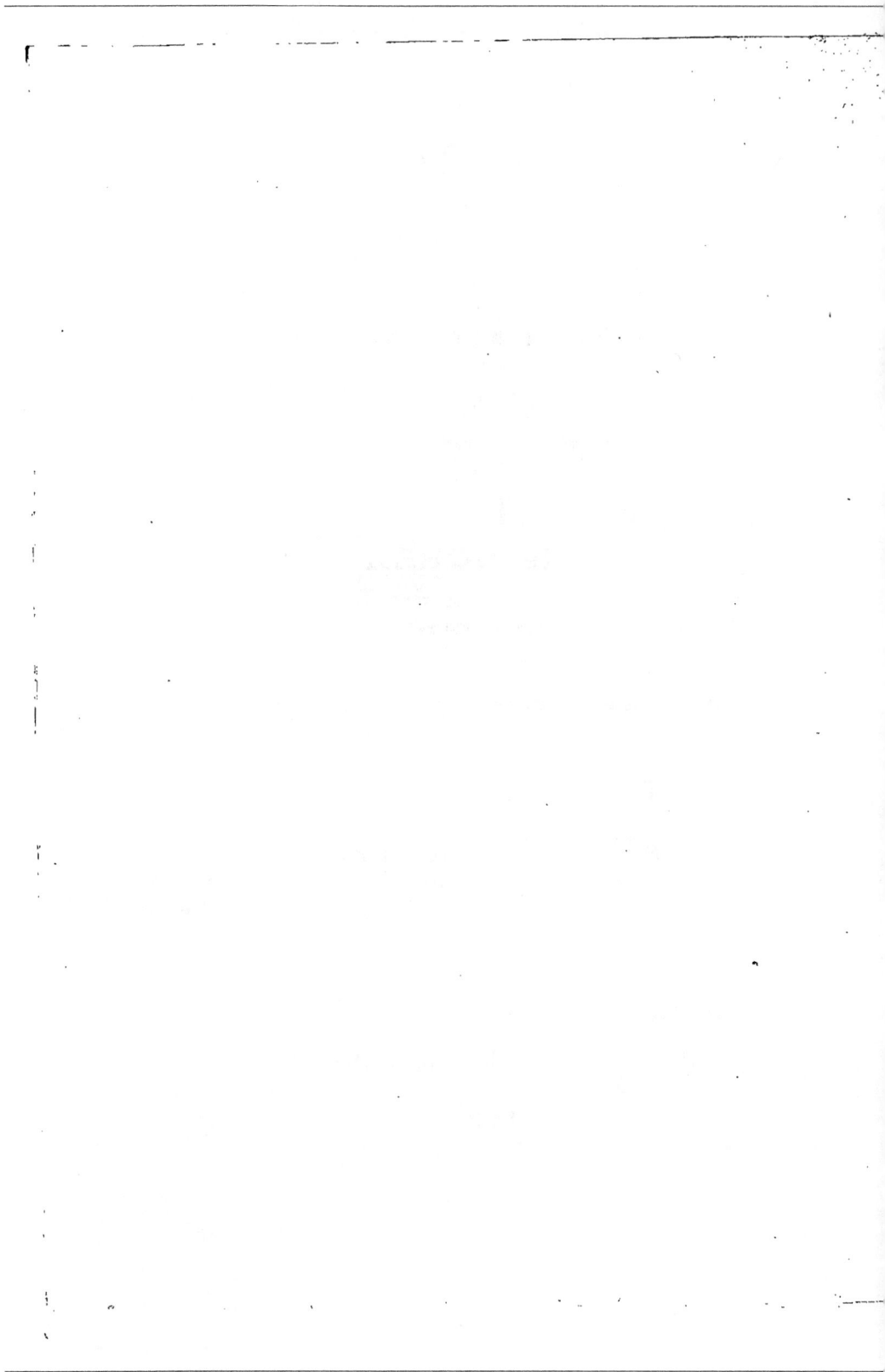

NOTE

Quelques-uns de nos lecteurs s'étonneront peut-être de ne point toujours rencontrer dans nos figures la reproduction scrupuleusement exacte des diverses parties de l'appareil. Nous devons les prévenir que, cet ouvrage étant spécialement écrit en vue de l'enseignement et destiné à des personnes appelées à manœuvrer ou à voir fonctionner le système Hughes, nous avons cru devoir modifier les dimensions et simplifier la forme de certaines pièces, dans le seul but de faciliter nos explications. On pourra d'ailleurs se convaincre que ces changements n'altèrent en rien le jeu des organes.

L. B.

ERRATA

—

Pl. II. — Fig. 4 : écrire *t* à l'extrémité libre supérieure du goujon *g*.

Pl. III. — Fig. 6 : écrire DD de chaque côté de la capsule *gg'*
au-dessous de son rebord horizontal.

Pl. IV. — Fig. 12 : écrire *pp'* comme fig. 9, et *xx'*, *yy'*, comme
fig. 20 et 22.

Pl. V. — Fig. 17 : écrire *abc* sur les bords et dans le fond de
l'échancrure de la vis V, et *e* à l'extrémité inférieure de la pièce qui passe derrière le levier B'.

Pl. VII. — Fig. 19 : écrire *v* sur la tête de la vis qui aboutit
en Z, *g* sur le goujon qui a pour base *b*,
et *h* à l'épaulement supérieur de ce goujon.

— Fig. 22 : écrire *x'* au lieu de *x*.

— — écrire *fig*. 23 *ter* sur la fig. placée à gauche
de la fig. 23.

Pl. VIII. — Fig. 28 : écrire D au point de contact du levier horizontal avec la ligne, A à l'extrémité regar-
dant la pile, B à l'extrémité opposée.

— Fig. 26 : tracer une ligne faisant communiquer la
base du chariot à la terre.

Pl. IX. — Fig. 12 : écrire *zz'* aux deux extrémités de la *pièce
isolée*.

— Fig. 25 : écrire *f₁* sur la flèche inférieure.

Pl. XIII. — Fig. 85 : tracer une flèche dirigée dans le sens *ab*,
une autre allant de *d* vers *e*. — Reporter
x' à l'extrémité gauche du pointillé.

— Fig. 87 : écrire autour du cercle les mêmes lettres
abcde que fig. 86.

Pl. XIV. — Fig. 92 : désigner par *f"* la flèche placée à droite
dans le cercle *abcd*.

— Fig. 97 : écrire S à l'extrémité supérieure du chariot
et *a* à l'entrée du fil dans la bobine à
droite.

Pl. XV. — Fig. 101 : écrire SS sur le support coudé fixé à la
platine postérieure par la vis V.

Pl. XVII. — Fig. 144. Voir, pour la partie *antérieure* de cette
fig. erronée, la fig. 183. Pl. XXIV.

Pl. XXV. — Fig. 191 : lire *b* et non *p*.

P.

fig. 1.

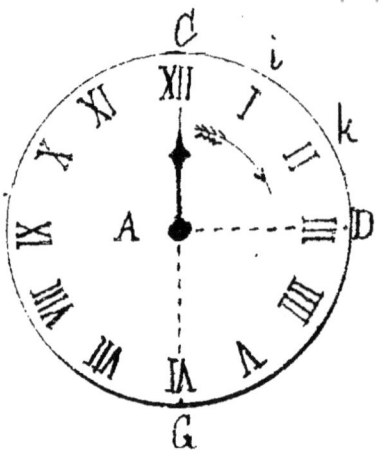
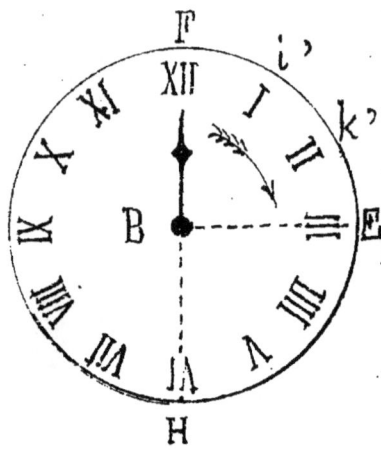

fig. 2.

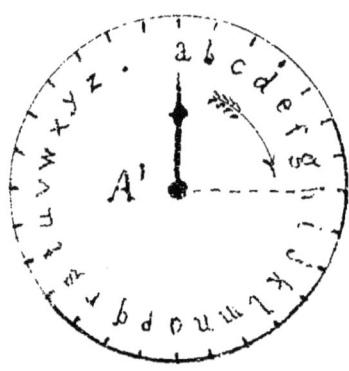
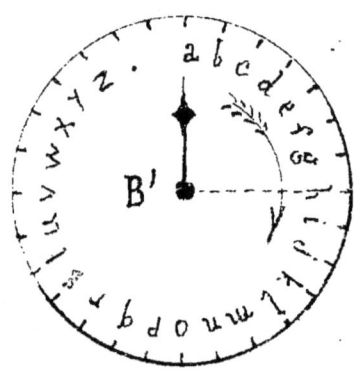

Imprimerie Chaprant 179 rue du Temple Paris.

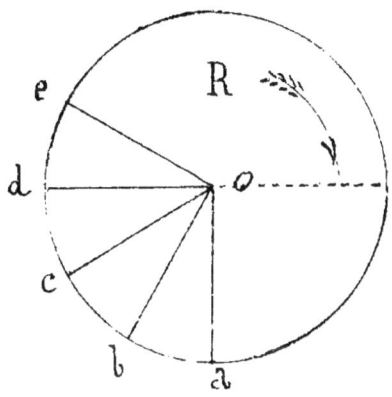

fig. 1 bis.

R

e
d
c
b
a
O

fig. 3.

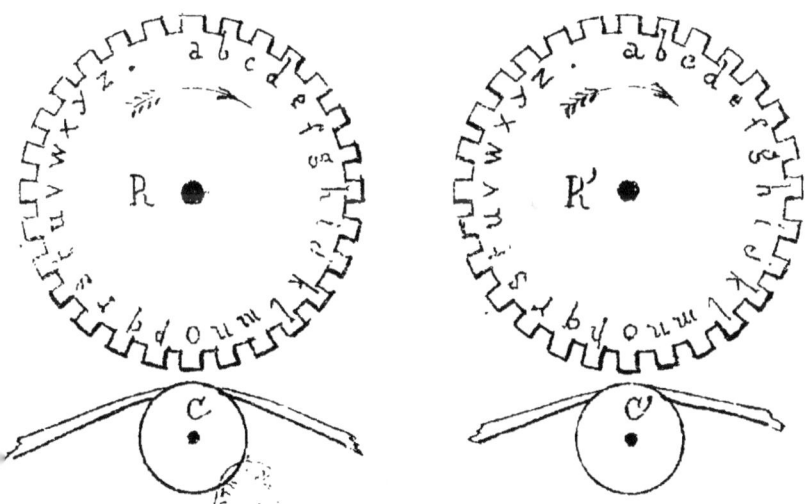

R

R'

C

C'

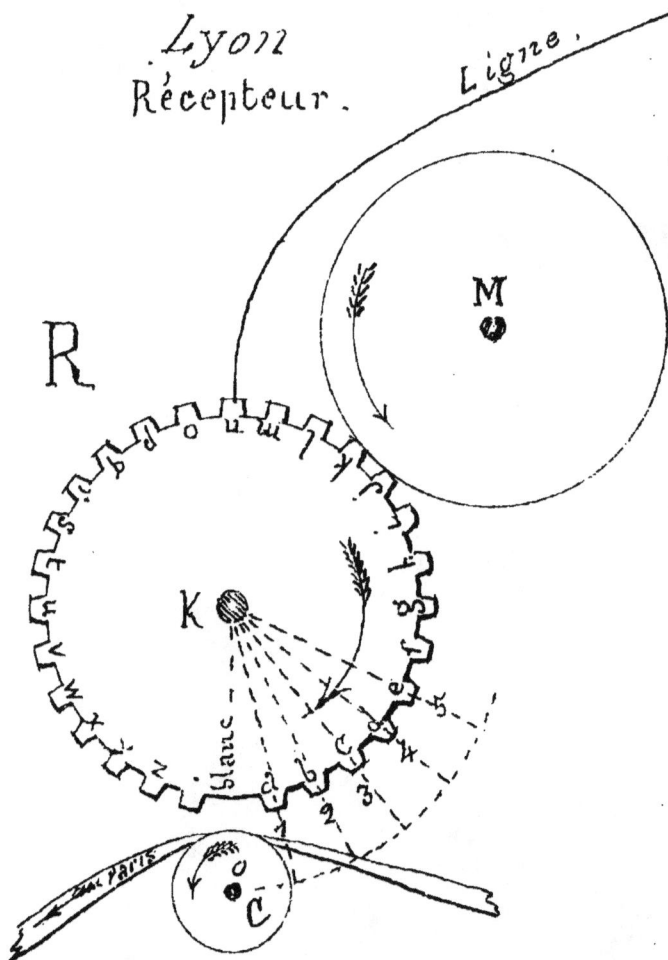

Lyon
Récepteur.

Ligne.

P

R

M

K

Blanc

sur Paris

C

a b c d e f g
1 2 3 4 5

Imprimerie Chapront 179 rue du Temple Paris.

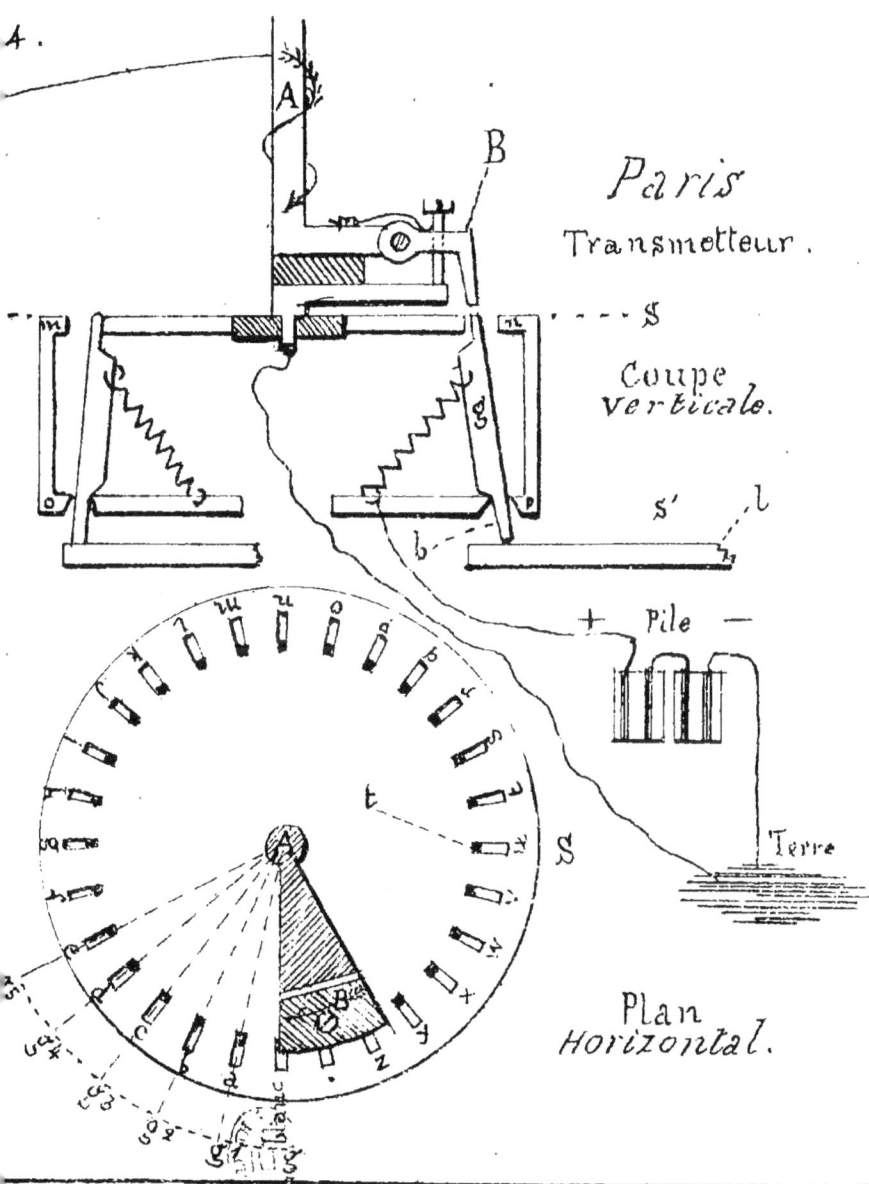

I.

4.

A

B

Paris

Transmetteur.

S

Coupe
Verticale.

s'   l

+ Pile —

Terre

S

Plan
Horizontal.

Chaligny del.

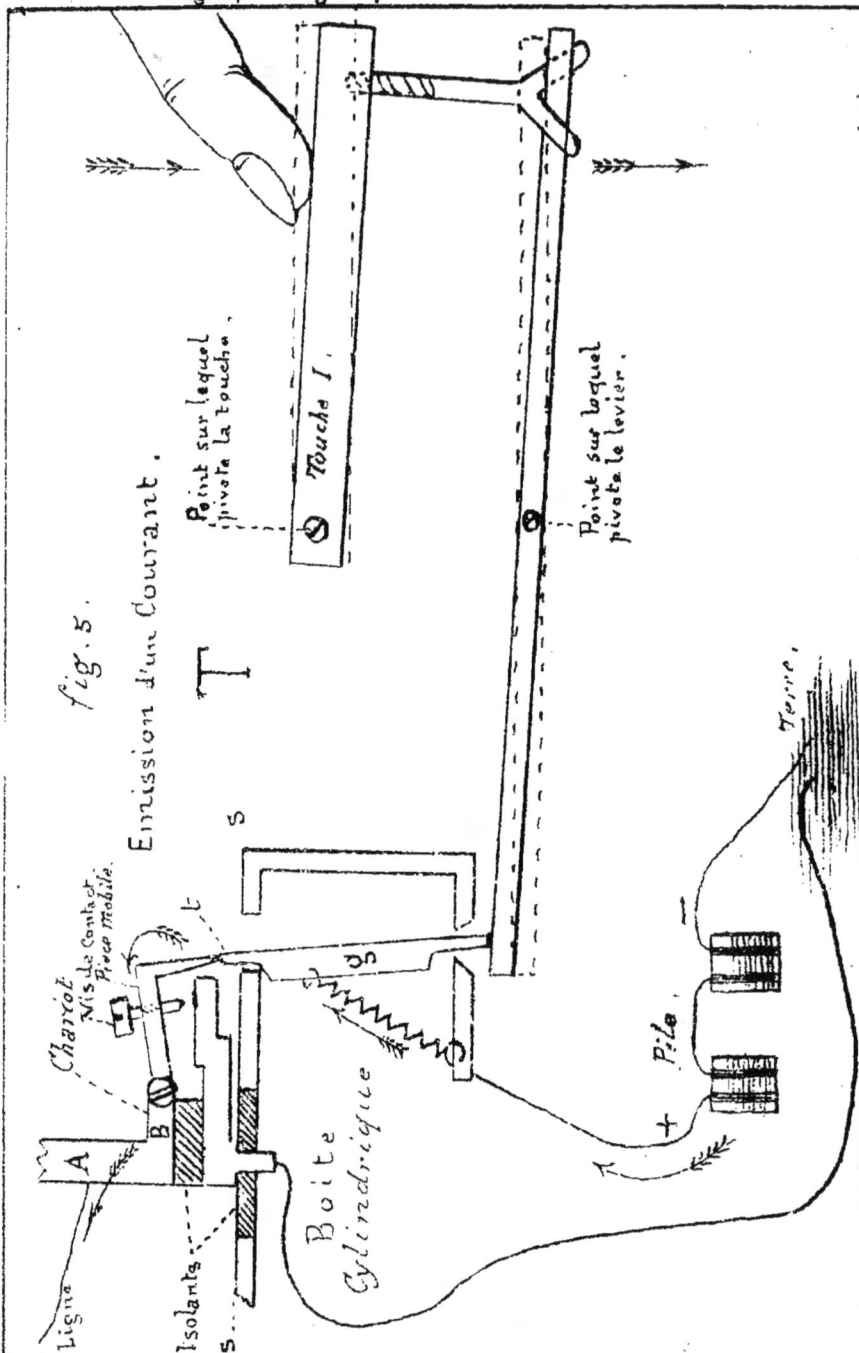

Etude du Télégraphe Hughes par L. Borel.

fig. 5.

Emission d'un Courant.

Point sur lequel pivote la touche.

Touche I.

Point sur lequel pivote le levier.

Terre.

Pile.

Boite Cylindrique.

Chariot.
Vis de Contact.
Pièce mobile.

Ligne

Isolants.

Imprimerie Chapront 179 rue du Temple Paris.

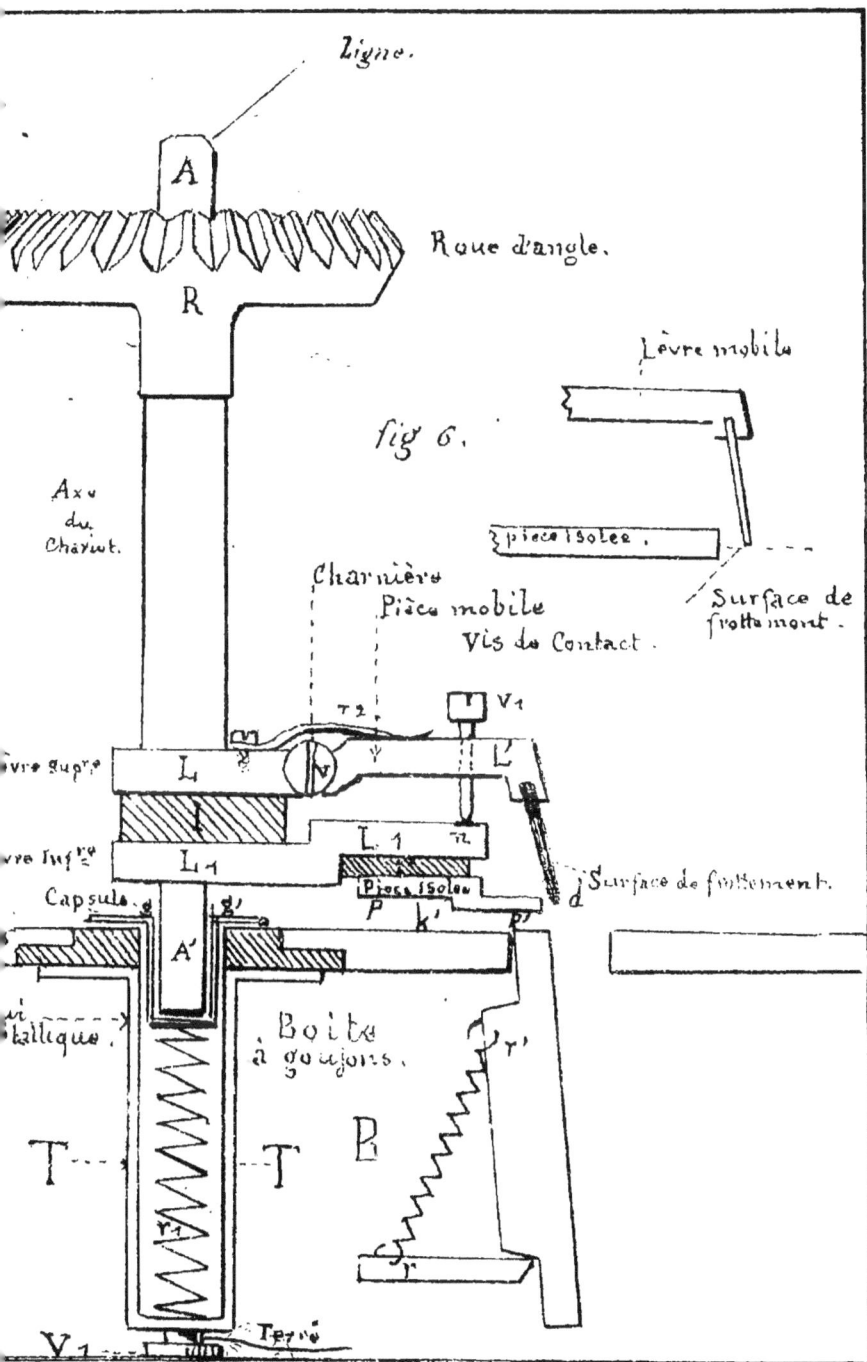

Ligne.

A

Roue d'angle.

R

Lèvre mobile

fig 6.

Axe
du
Charut.

Charnière
Pièce mobile
Vis de Contact.

Pièce isolée.

Surface de
frottement.

T_2 V_1

Lèvre supre L L'

Lèvre Infre L_1 L_1 T_1

Surface de frottement.

Capsule A' Pièce isolée
                            P k' d

métallique.   Boîte
                            à goujons. r'

T T B

r_1 r

V_1 T_{err}.

Chaligny del.

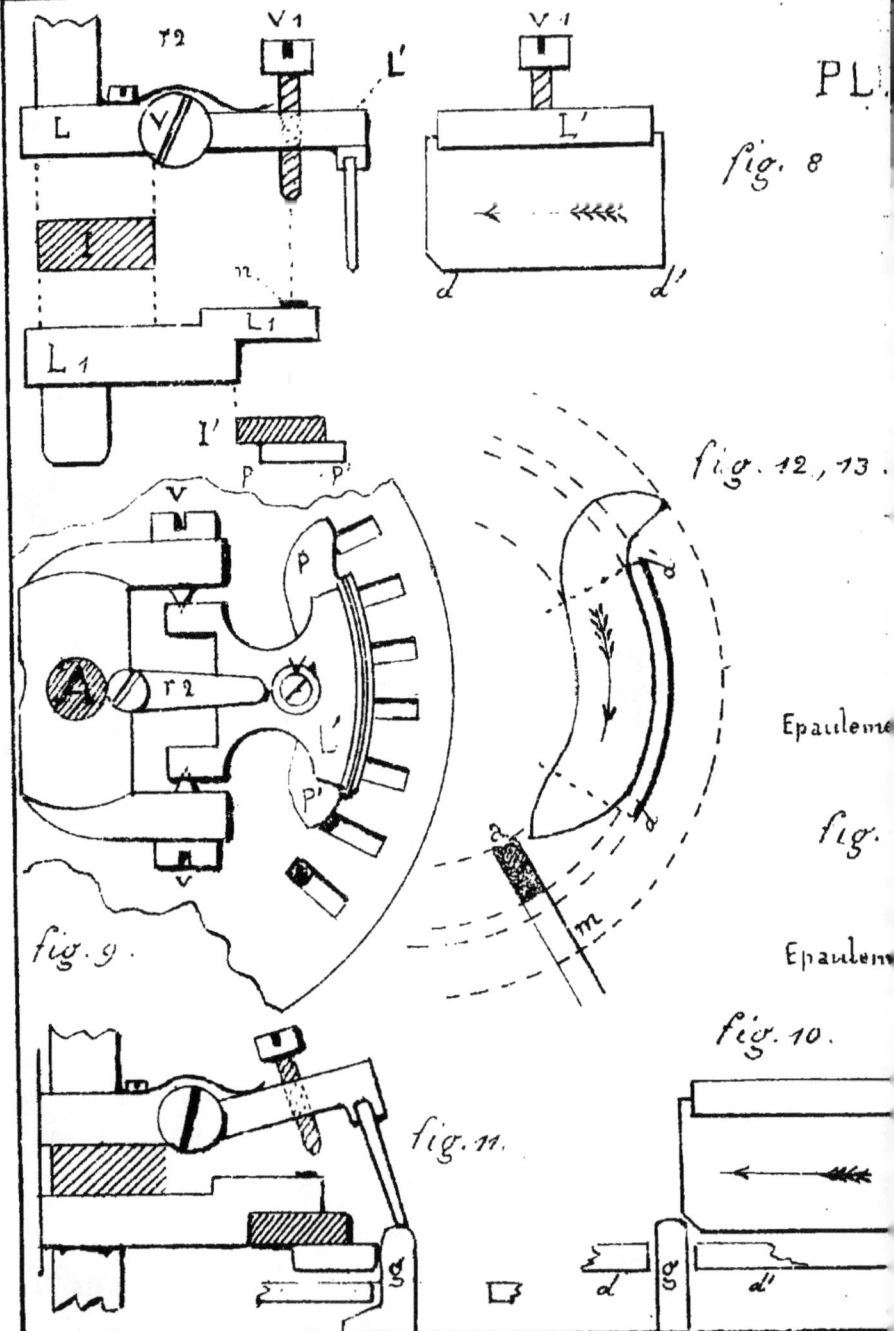

PL.

fig. 8

fig. 12, 13.

fig. 9.

Epauleme

fig.

Epaulem

fig. 10.

fig. 11.

Imprimerie Chapront 179 rue du Temple Paris.

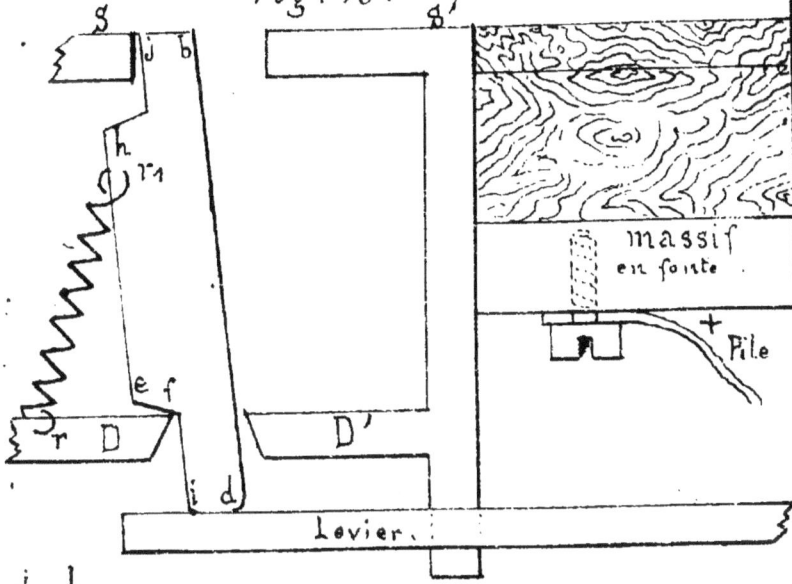

fig. 15.

massif en fonte

+ Pile

D   D'

Levier.

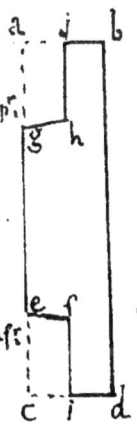

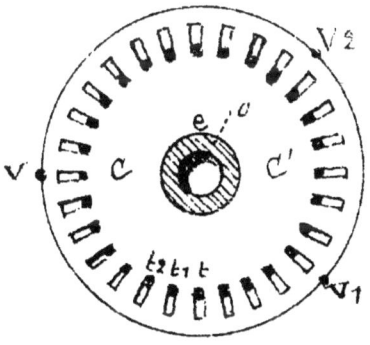

fig. 14

V_2

V_1

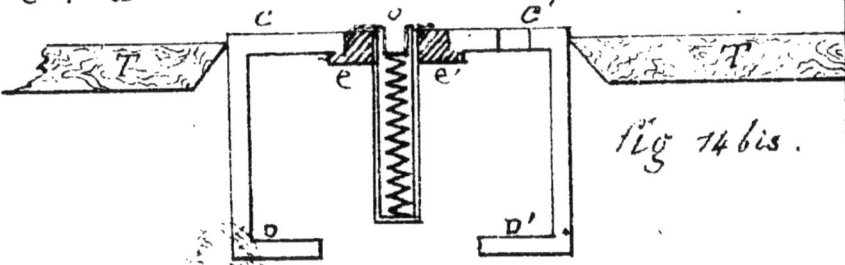

fig 14 bis.

Chaligny del.

P.

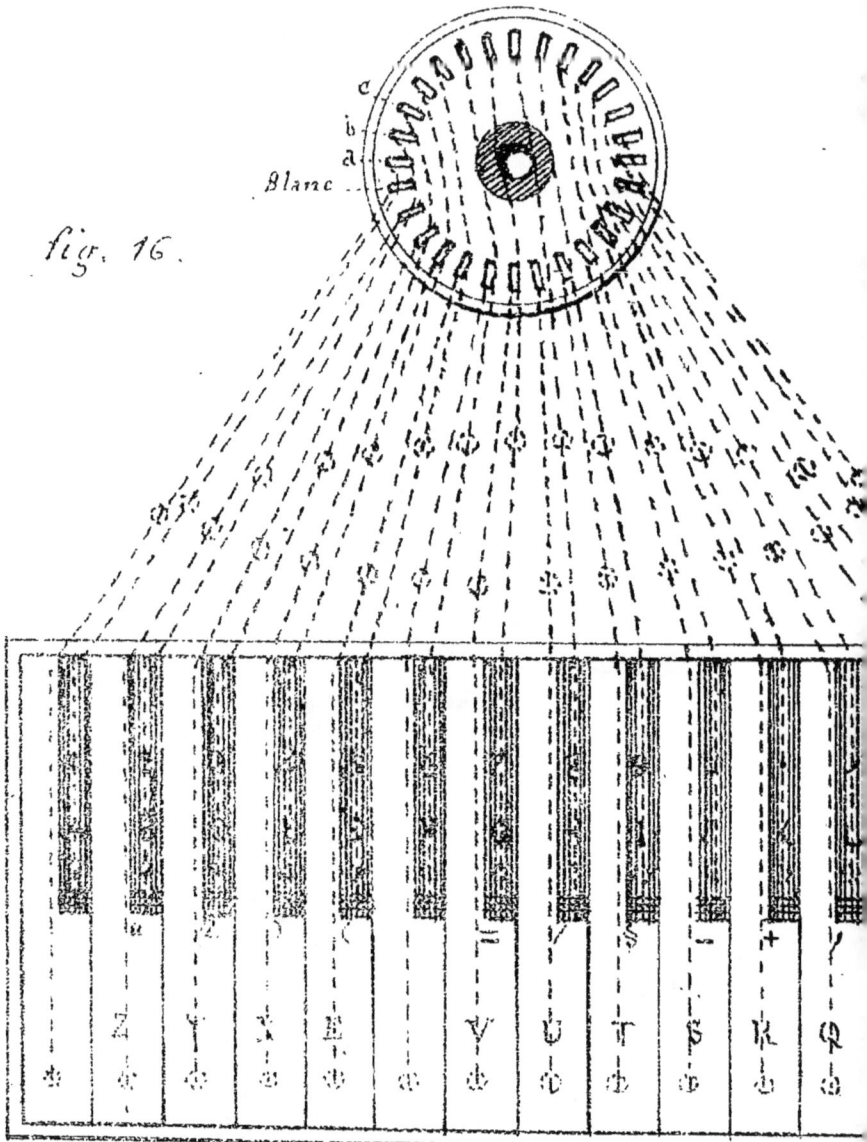

fig. 16.

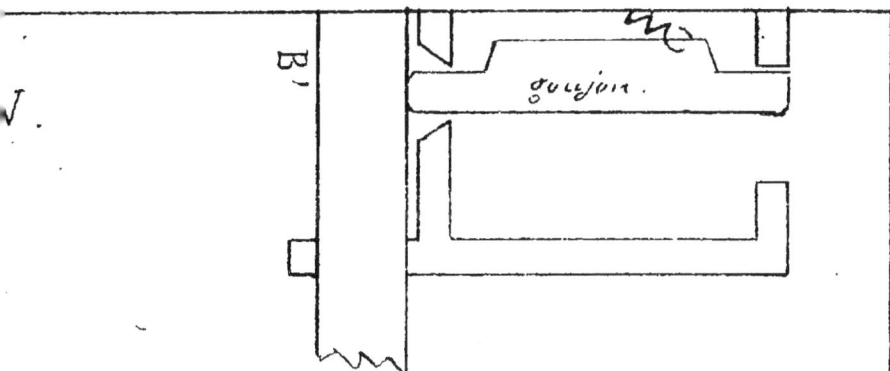

B'

goujon.

fig. 17.

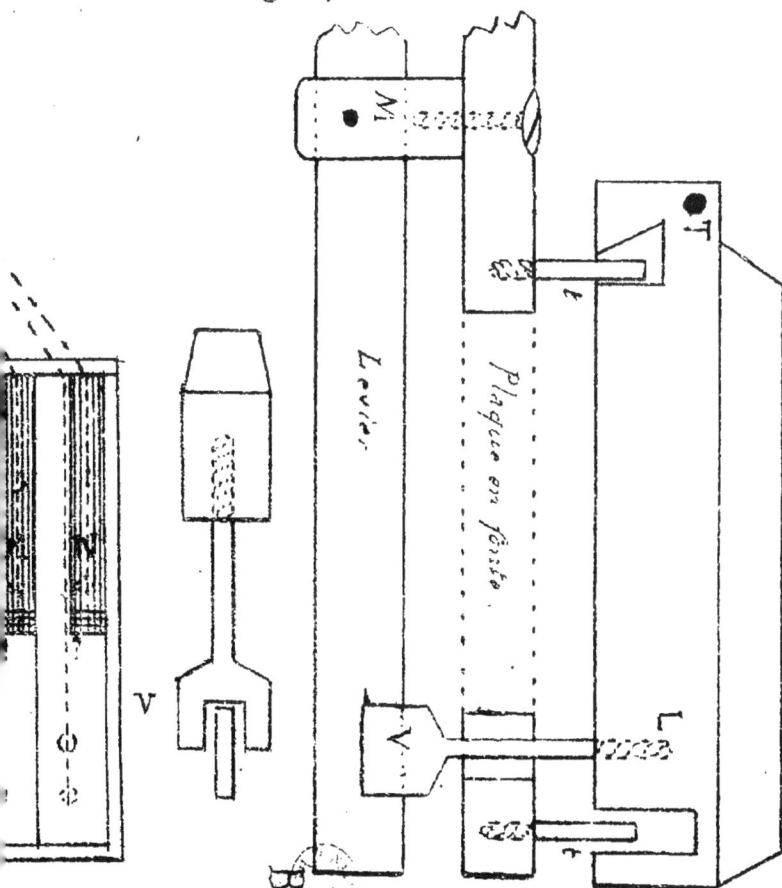

M

T

t

Levier

Plaque en fonte

V

V

r

r

B

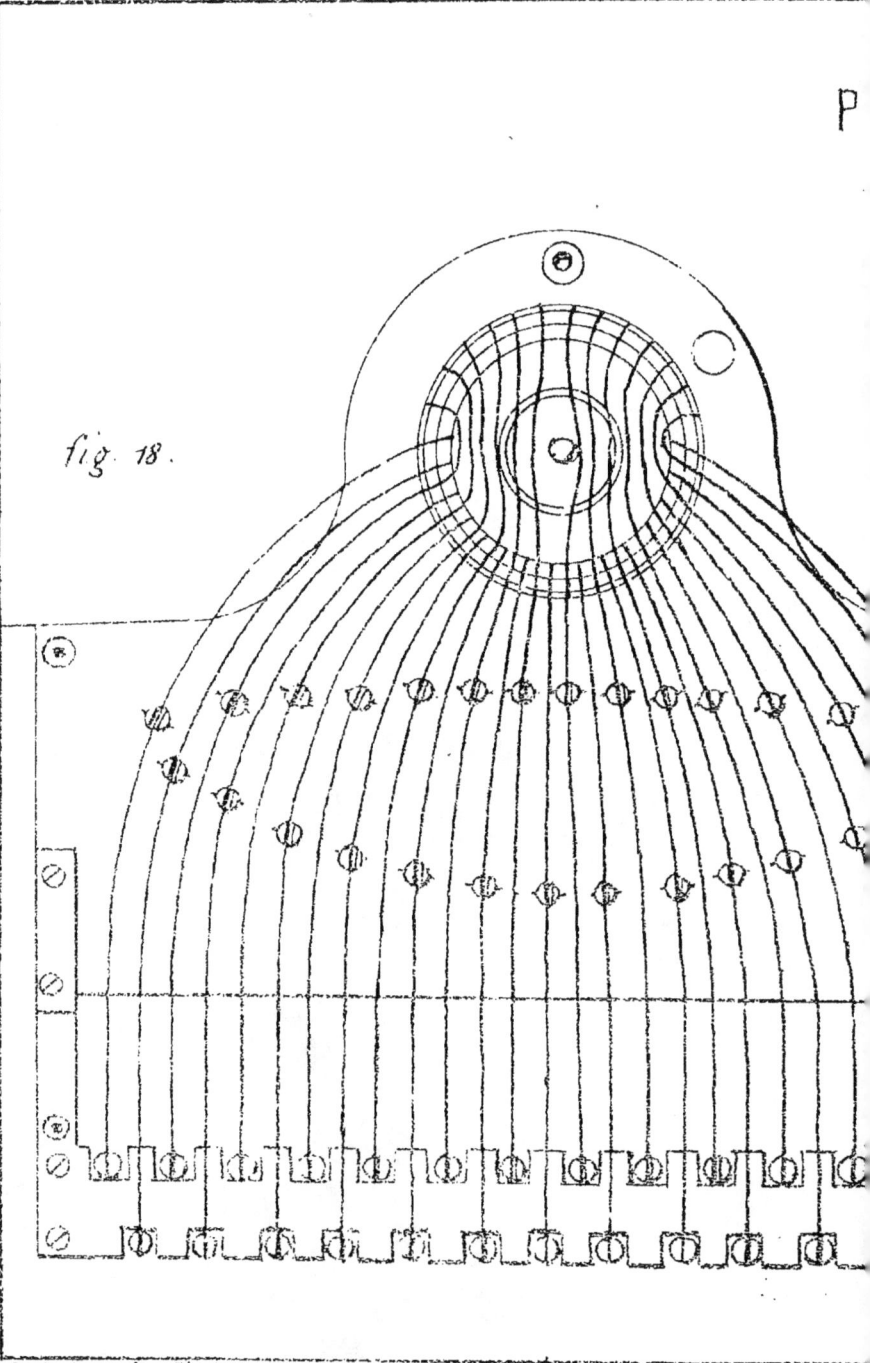

fig. 18.

Imprimerie Chapront 179 rue du Temple Paris.

I.

fig. 6 bis

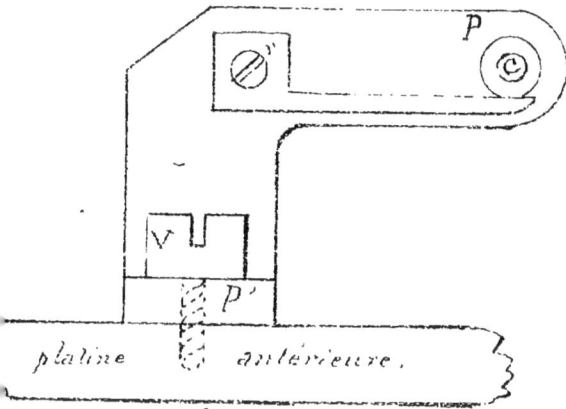

P

V

P'

platine   antérieure.

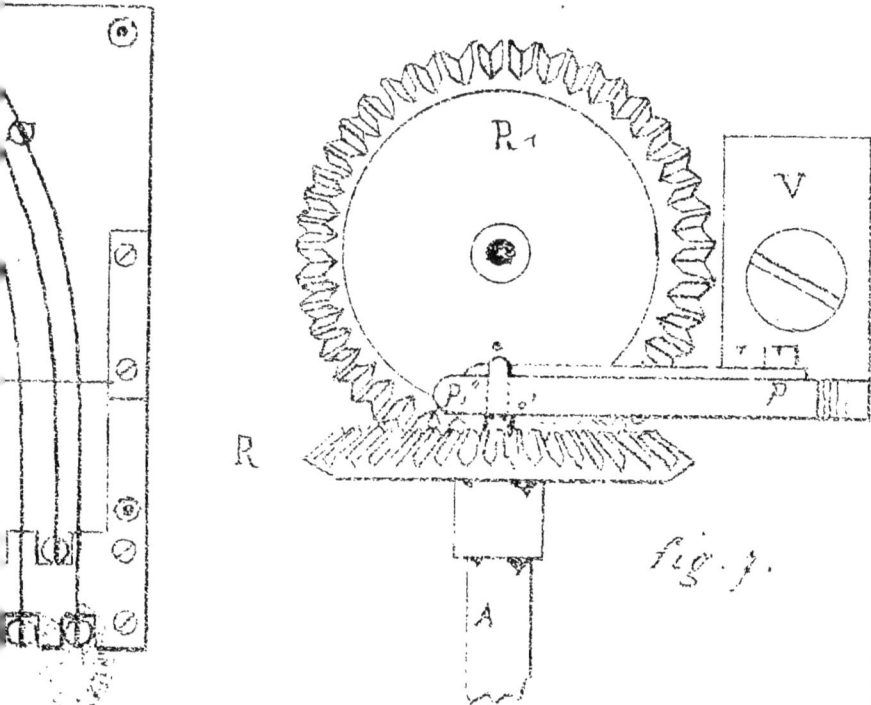

R₁

V

R

P'

P

A

fig. 7.

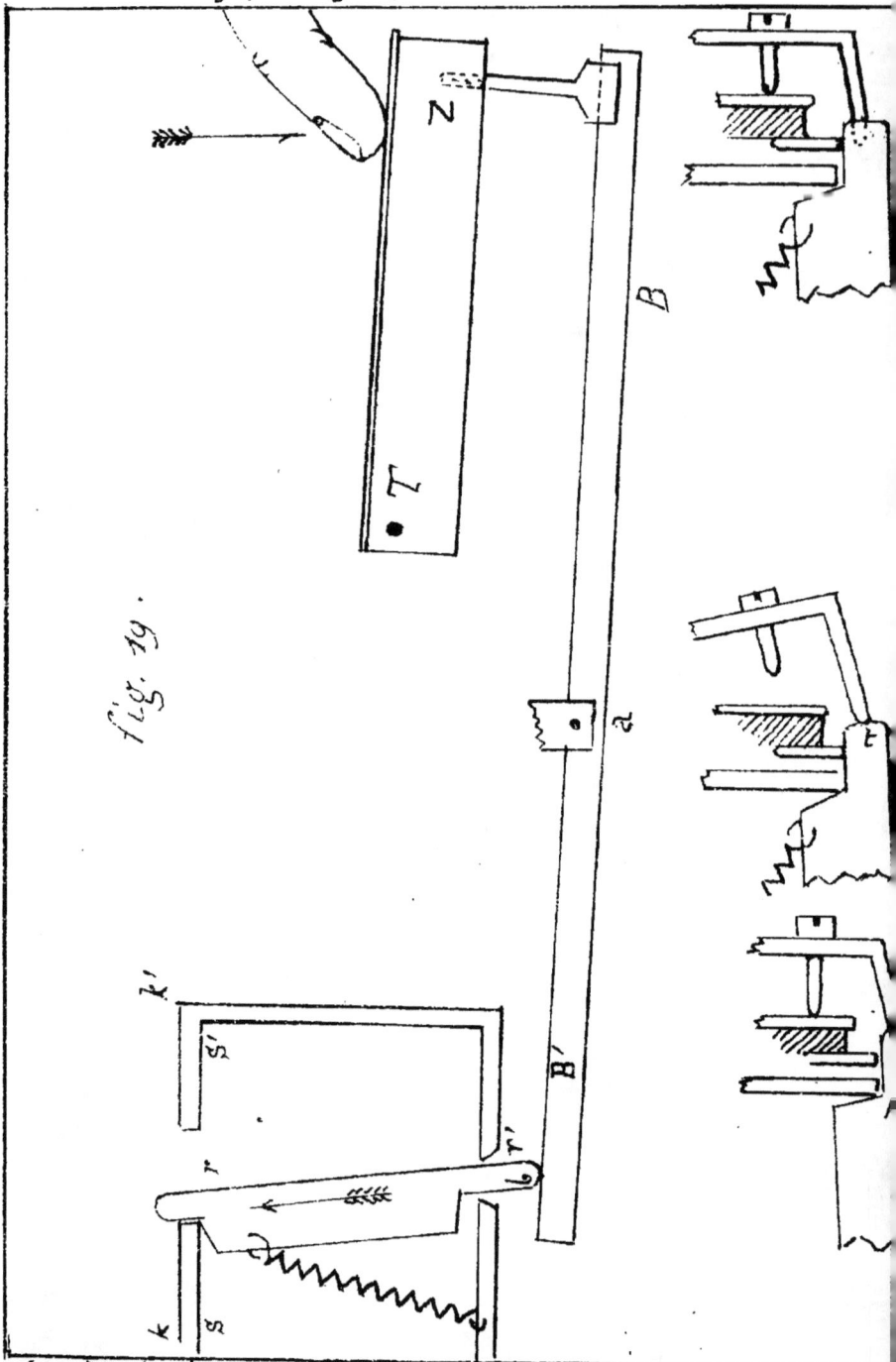

fig. 19.

Imprimerie Chaproñt 179 rue du Temple Paris

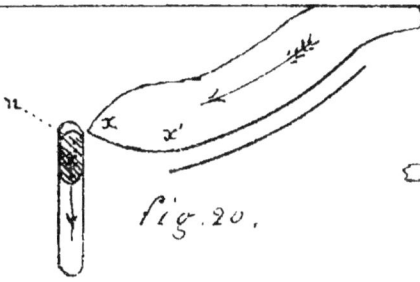

fig. 20.

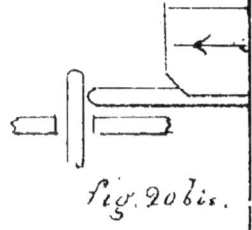

fig. 20 bis.

20 ter.

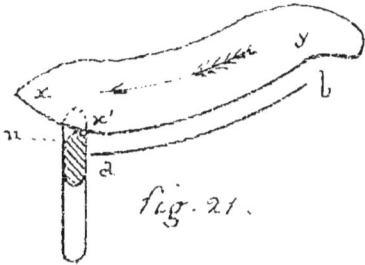

fig. 21.

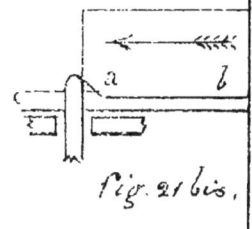

fig. 21 bis.

22 ter.

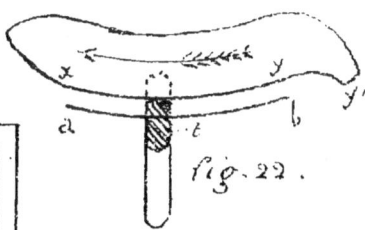

fig. 22.

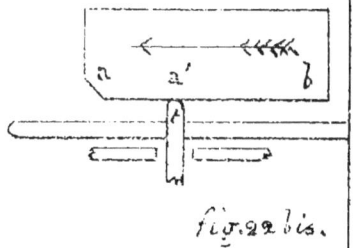

fig. 22 bis.

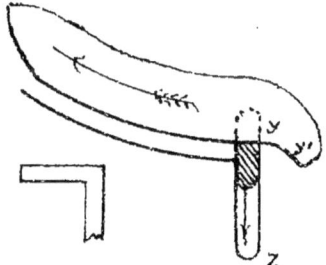

fig. 23.

fig. 23 bis.

Chatigny del.

PI

fig. 25.

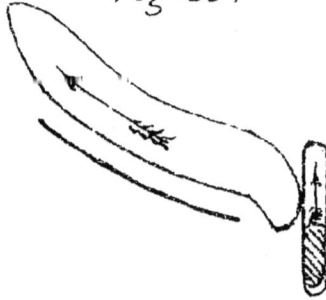

fig. 24 ter.

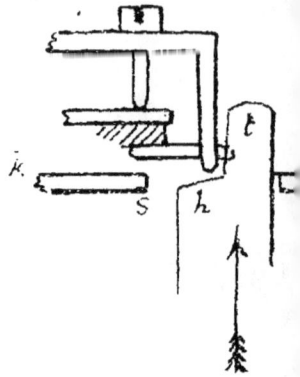

fig. 26.

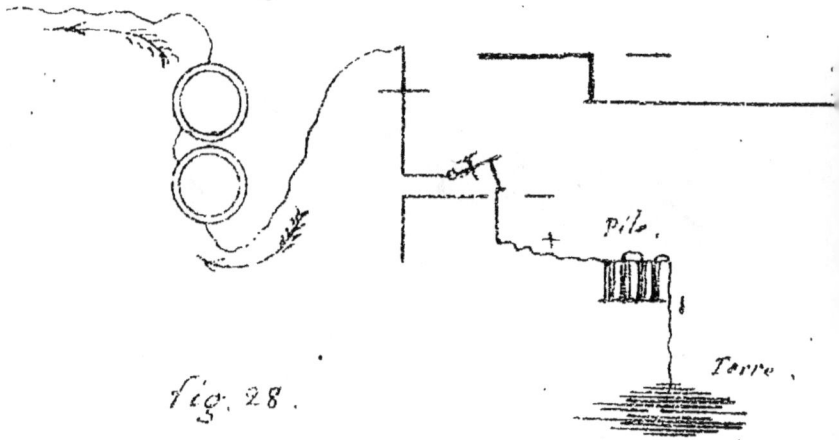

fig. 28.

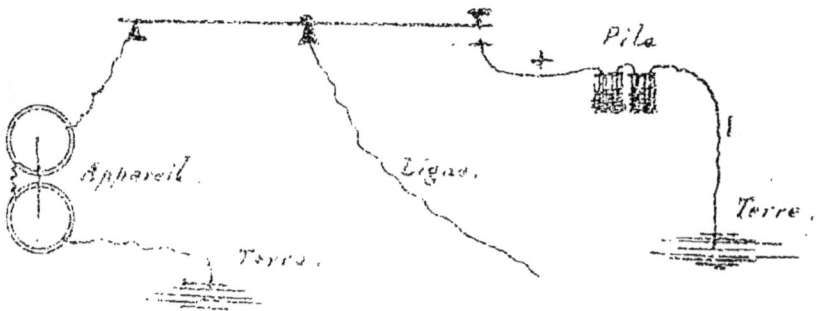

Imprimerie Chaprant 179 rue du Temple Paris.

III.

fig. 24.

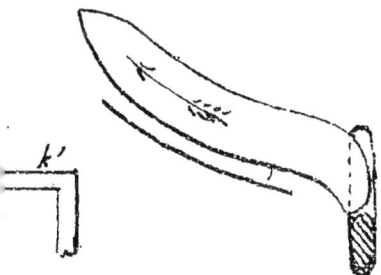

fig. 24 bis.

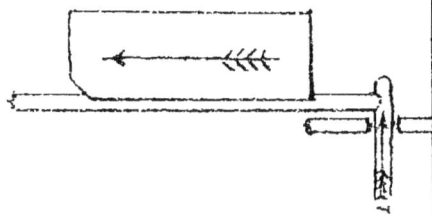

k'

fig. 27.

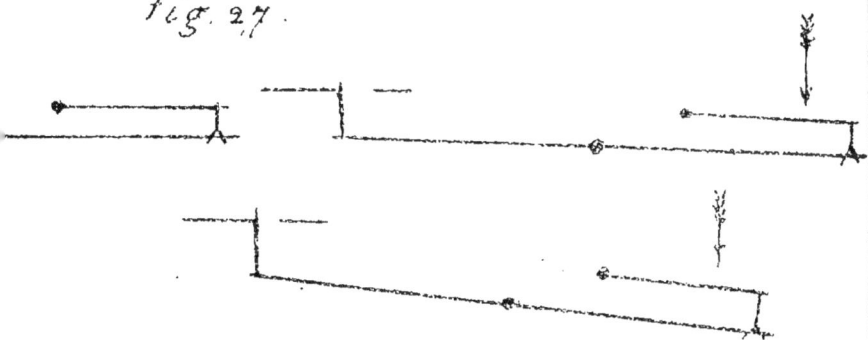

fig. 29.

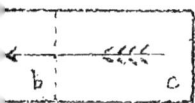

Poste d'Arrivée.

R

A   B

fig. 30.

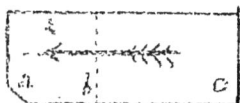

a   b   c

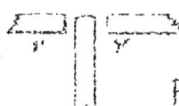

Gravure Imprimée

Poste
de départ.

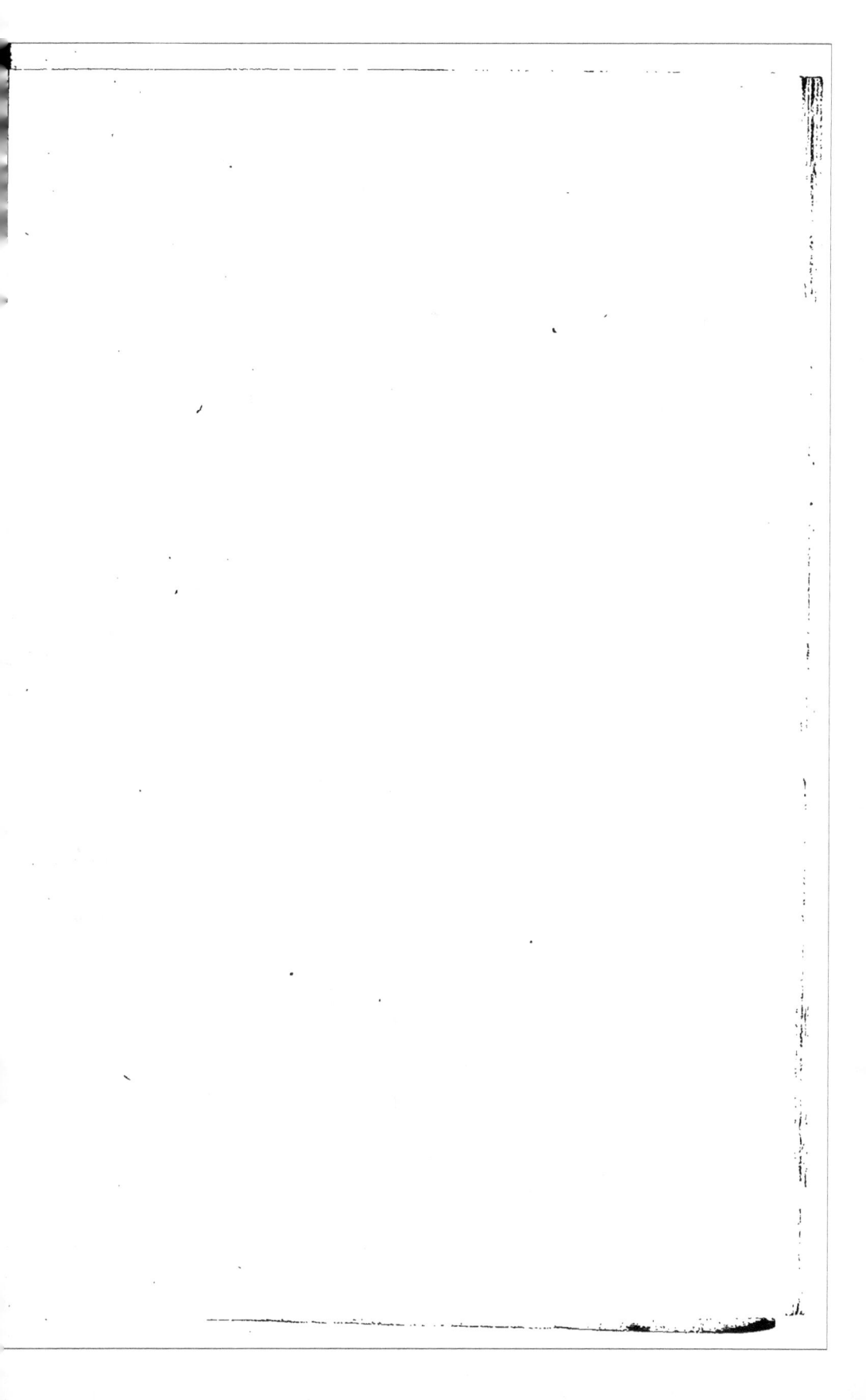

fig. 31.

Poste d'arrivée.

Poste de départ.

P

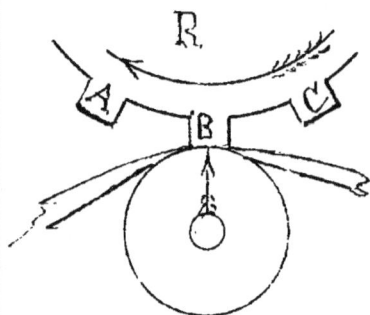

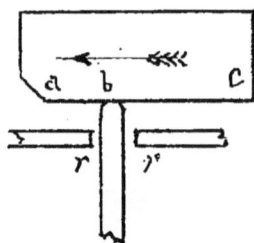

fig. 32.

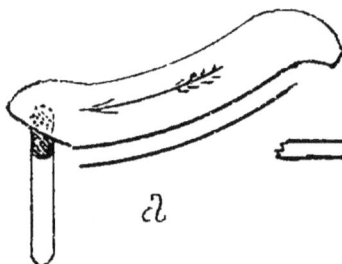

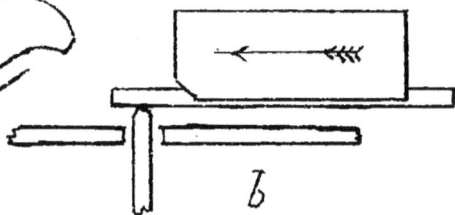

a

b

fig. 33.

Goujons.

Ancien modèle.

Nouveau modèle.

1 2 3 4

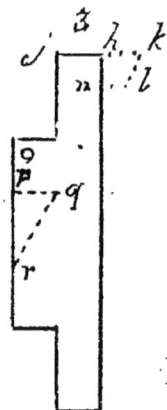

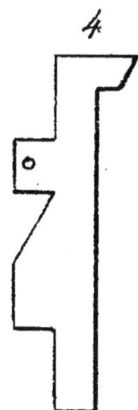

Imprimerie Chapront 179 rue du Temple Paris.

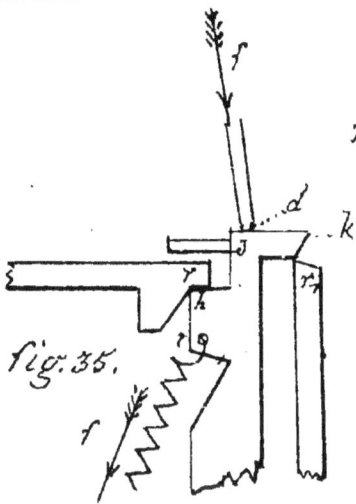

fig. 35.

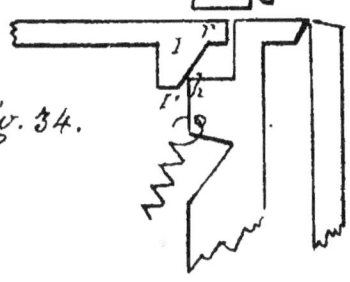

Tablier de la lèvre mobile ...

Pièce isolée ....

fig. 34.

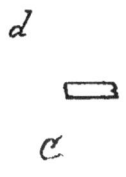

d

c

fig. 35 bis.

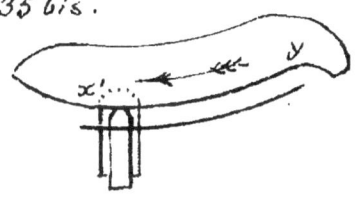

fig. 36.   Lèvre mobile.

Pièce isolée

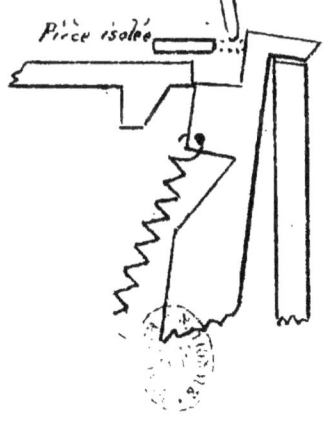

fig. 37.

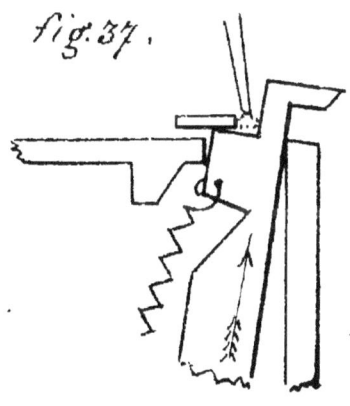

Chaligny del.

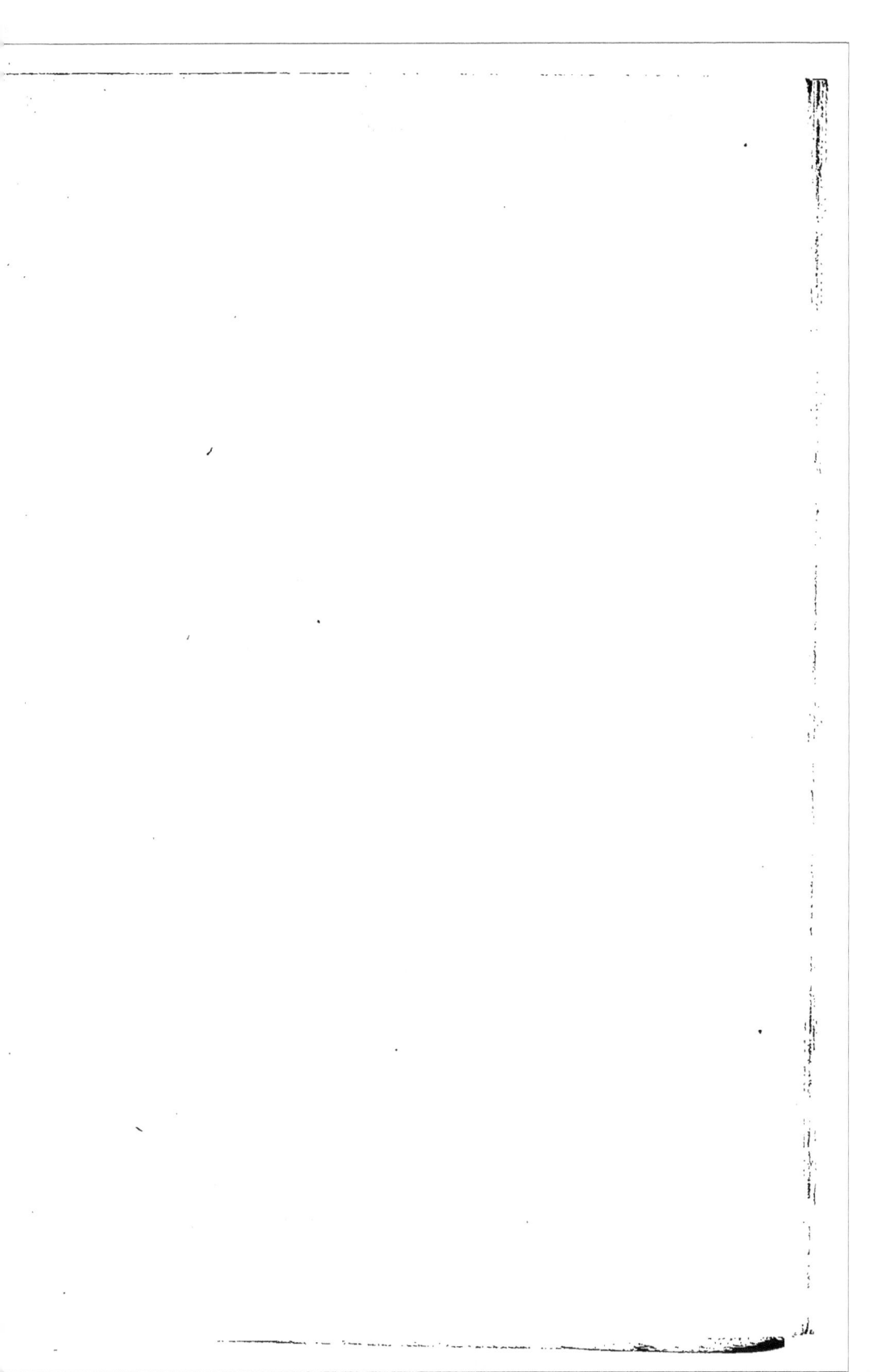

P.

fig. 38.

fig. 39.

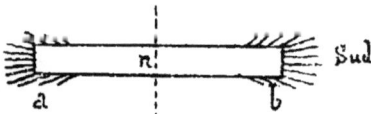

Sud

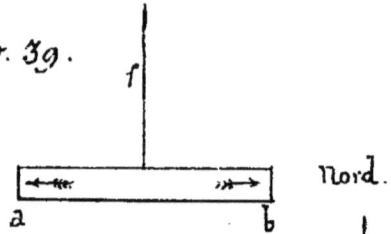

Nord.

fig. 40.

fig. 41.

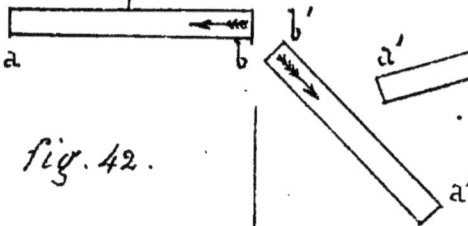

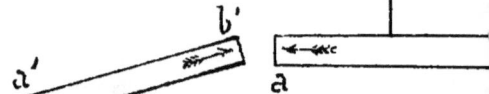

fig. 42.

fig. 43.

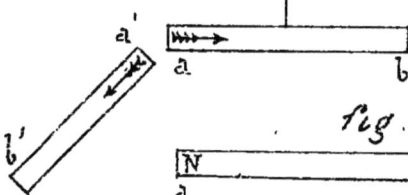

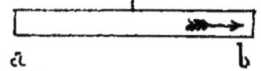

fig. 45.

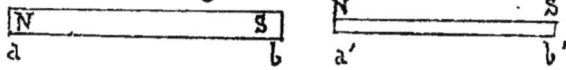

fig. 45 bis.

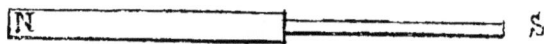

fig. 46.

Pile.

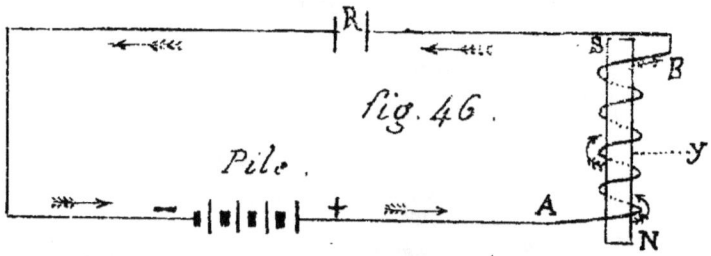

Imprimerie Chapront 179 rue du Temple Paris.

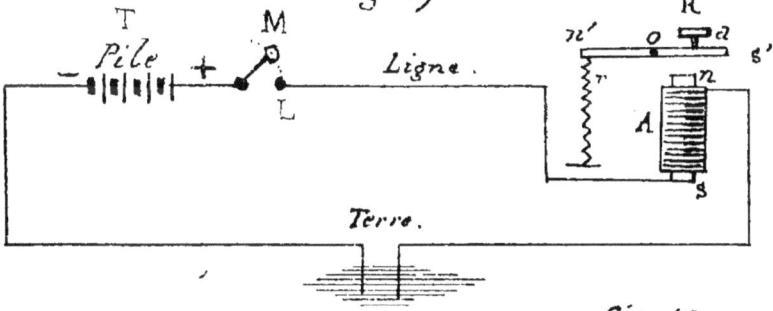

fig. 47.

T
Pile   M
− +   Ligne.   R
                              n'   o   d   s'
                                 r
                                      A   n
                              Terre.   s

fig. 48.

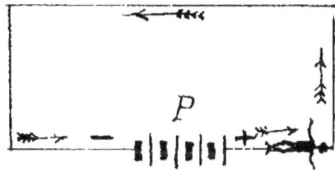

P

Nord de la
Terre.

44.   Pole austral ou Sud.

Aimant.

Pole boreal ou Nord.

b'

Sud
de la Terre.

fig. 49.

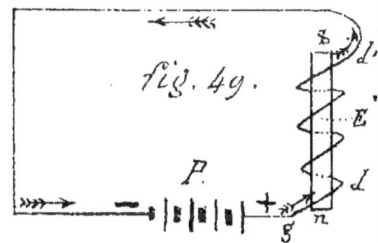

P

fig. 50.   fig. 51.   fig. 52.

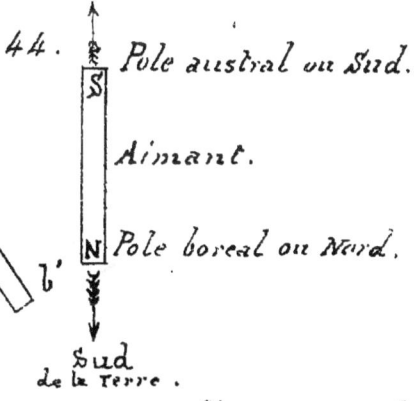

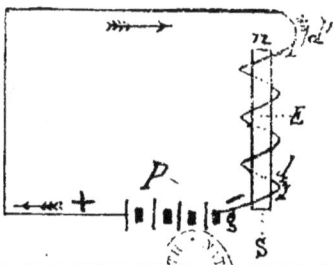

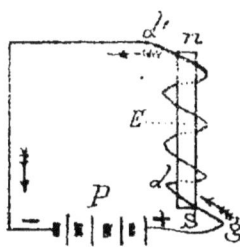

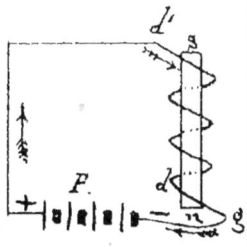

C. Chaligny del.

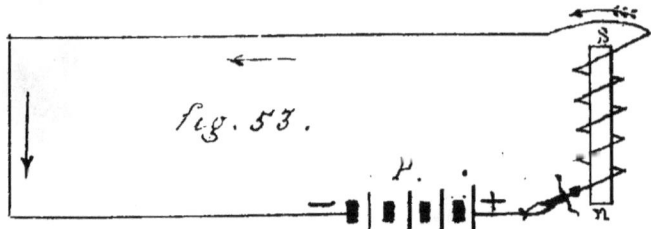

fig. 53.

P

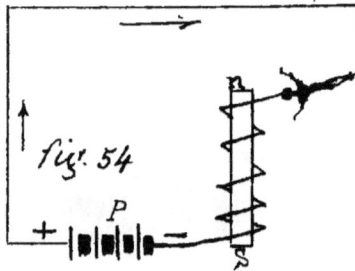

fig. 54.

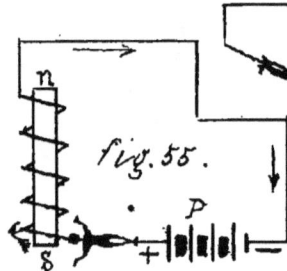

fig. 55.

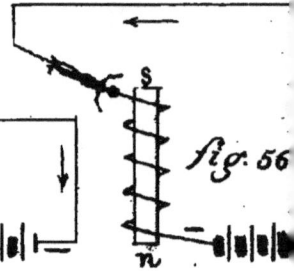

fig. 56

fig. 57.

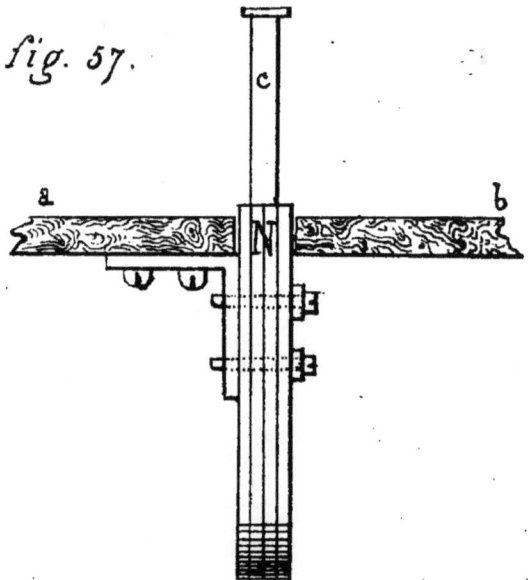

Imprimerie Chapront 179 rue du Temple Paris.

fig. 58.

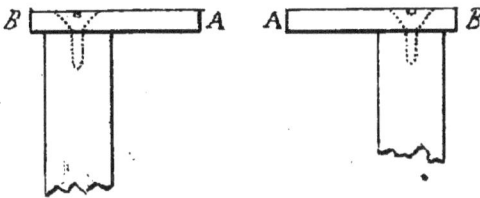

fig. 59.

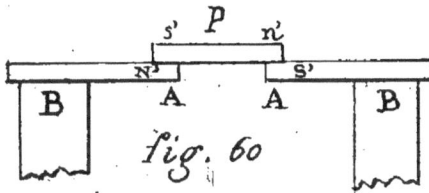

fig. 60

fig. 60. bis.

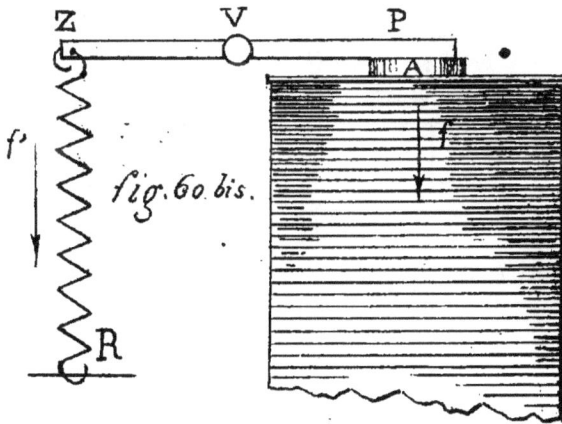

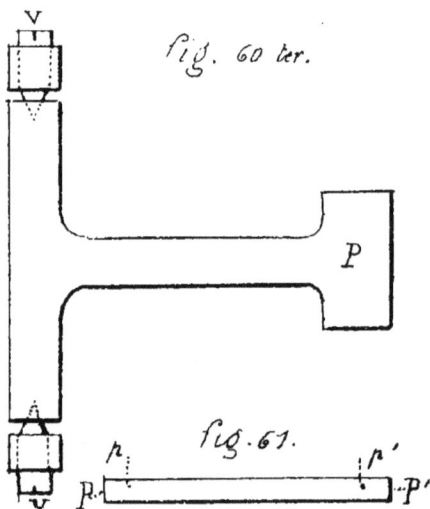

fig. 60 ter.

fig. 67.

fig. 61.

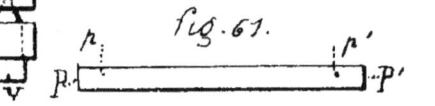

fig. 62.

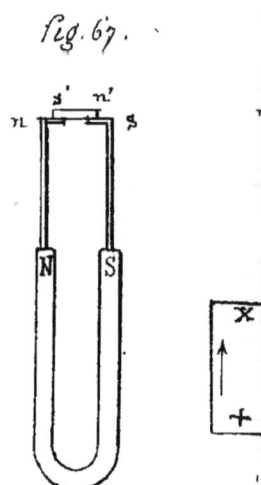

fig. 72.

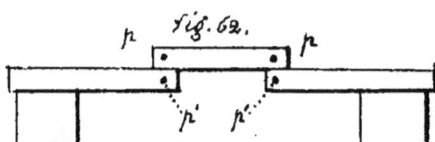

fig. 63.

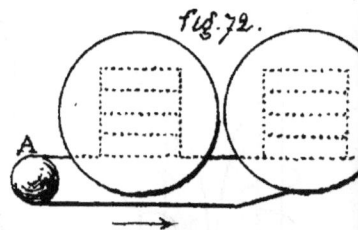

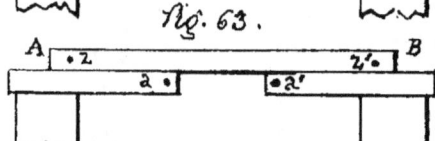

fig. 64.

fig. 72 bis.

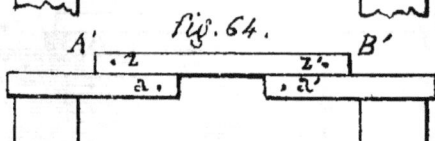

fig. 65.

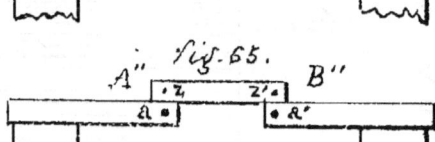

fig. 66.

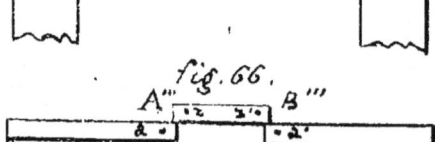

Imprimerie Chaprout 179 rue du Temple Paris.

XII.

fig. 68. fig. 68 bis. fig. 69. fig. 69 bis.

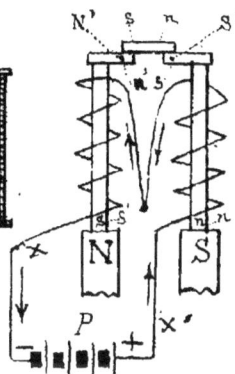
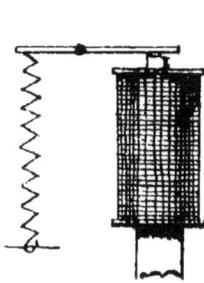

Paris *transmettant*.   Lyon *recevant*.

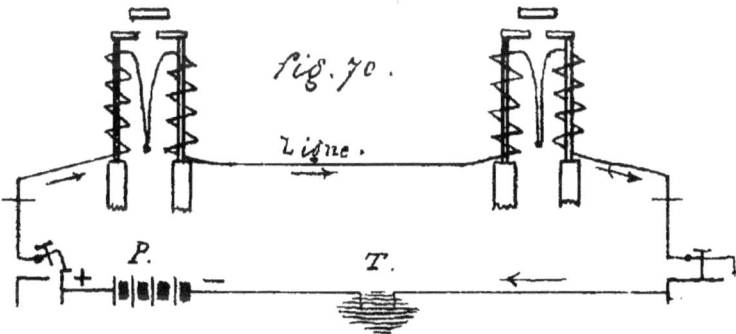

fig. 70.

Ligne.

P.   T.

Paris *recevant*.   fig. 71.   Lyon *transmettant*.

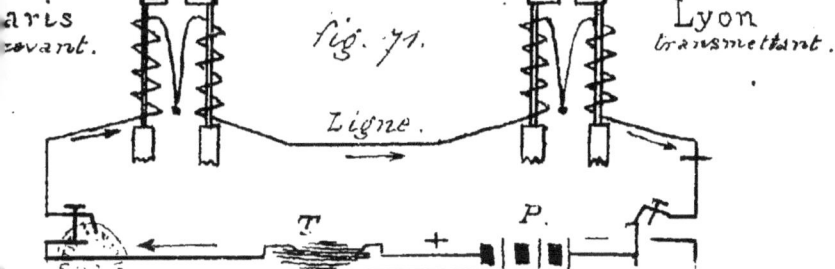

Ligne.

T.   P.

Chalfeny del.

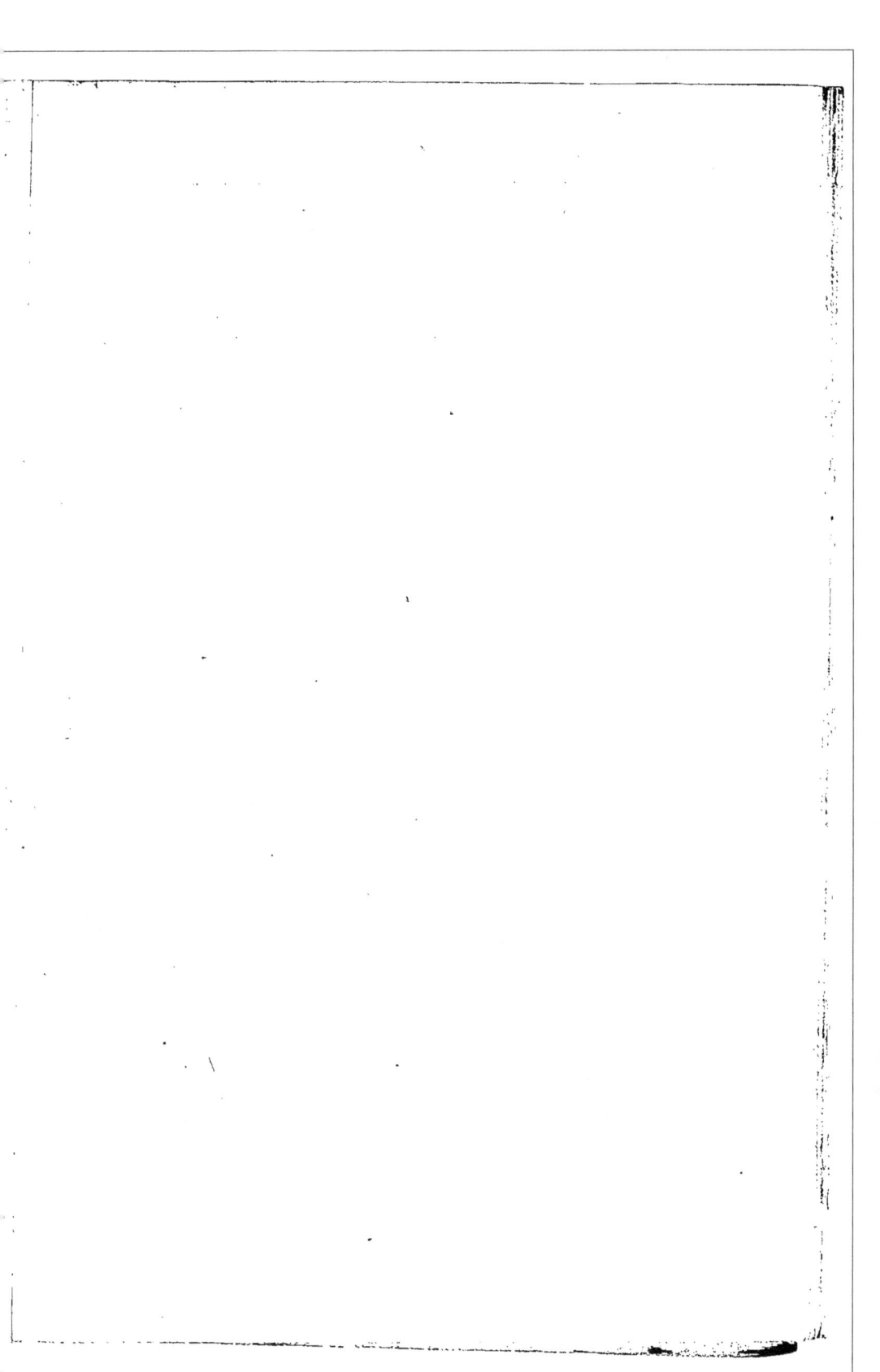

Etude du Télégraphe Hughes par L. Borel.

P

fig. 73.

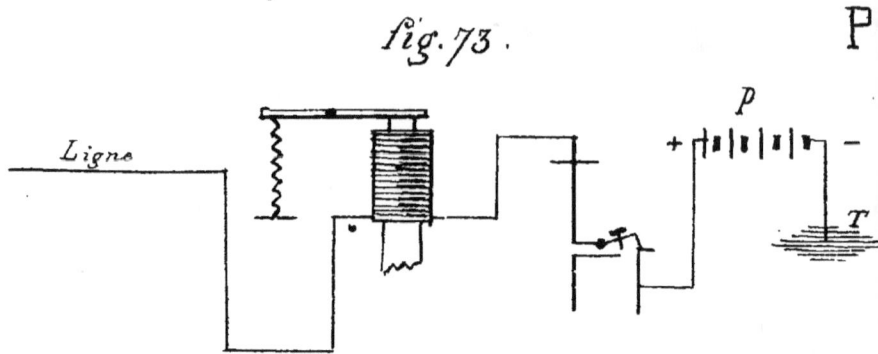

Ligne

p

fig. 74.

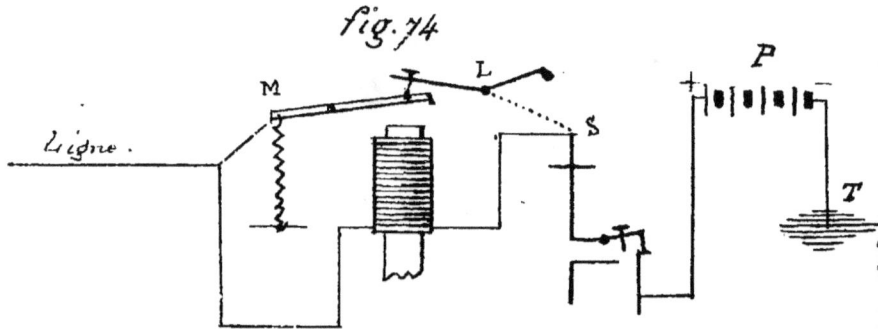

Ligne.

P

fig. 75.

fig. 79.

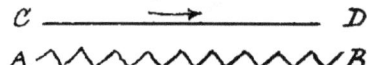

fig. 76.

fig. 80.

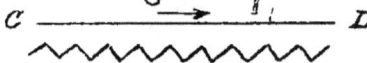

fig. 77.

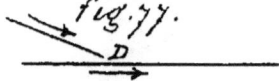

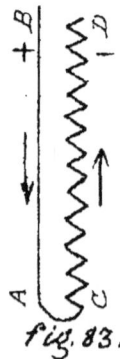

fig. 81.

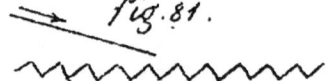

fig. 78.

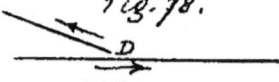

fig. 83.

fig. 82.

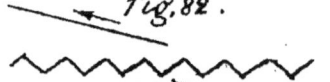

Imprimerie Chapront 179 rue du Temple Paris.

XIII.

fig. 84

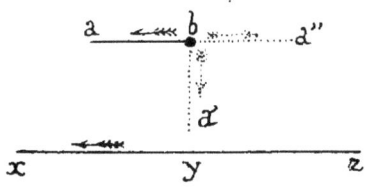

fig. 85.

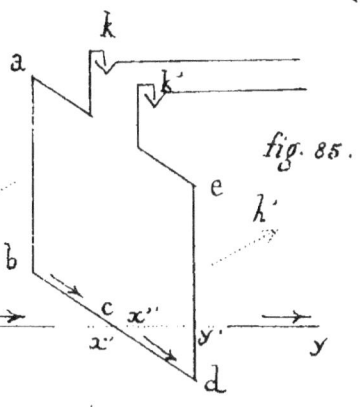

fig. 86.

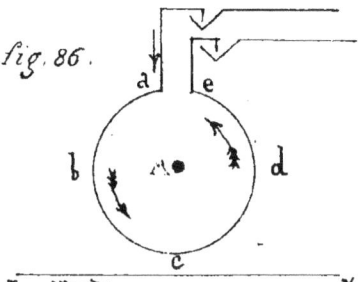

fig. 88 bis.

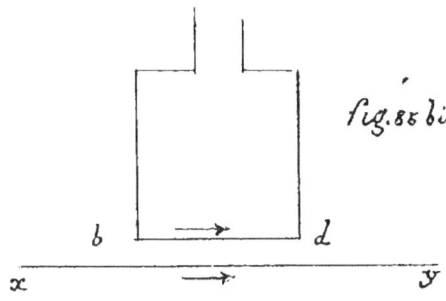

fig. 87.

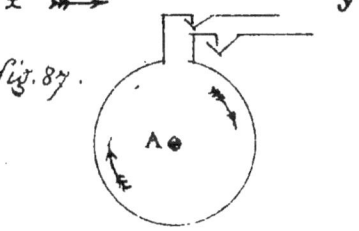

fig. 88.

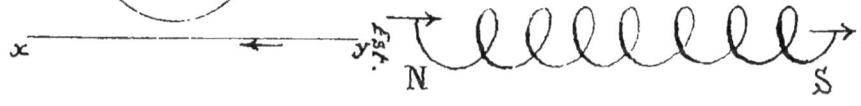

fig. 89.

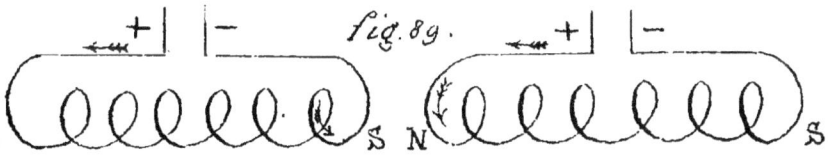

fig. 90.

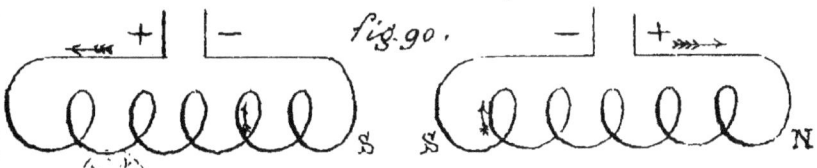

fig. 91.

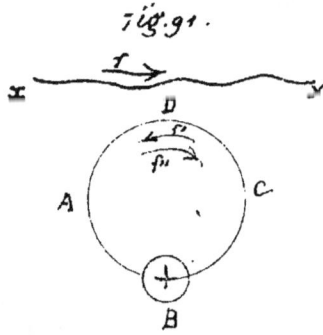

fig. 92.

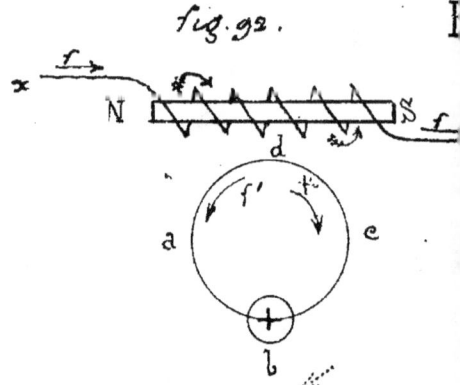

fig. 93.

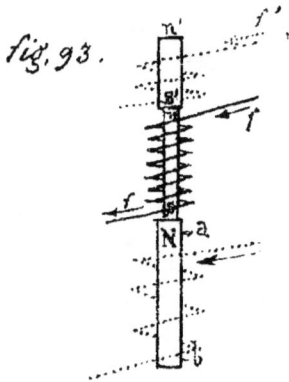

fig. 94.

Eloignement.

Ligne.

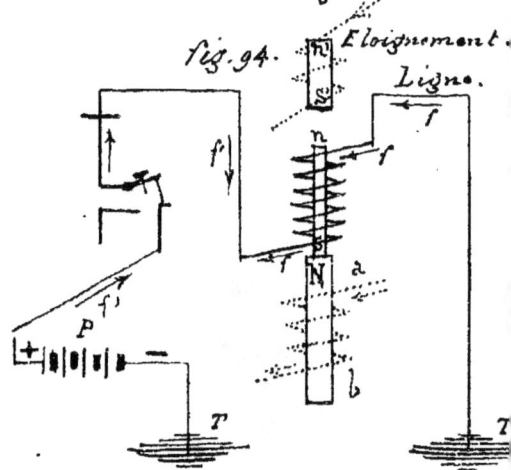

fig. 95.

Retour.

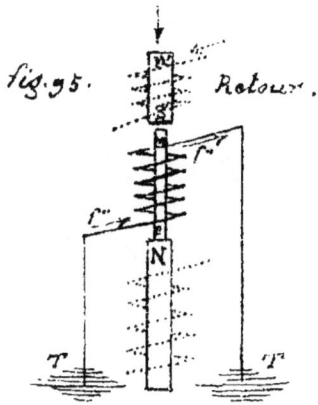

Ligne.

fig. 96.

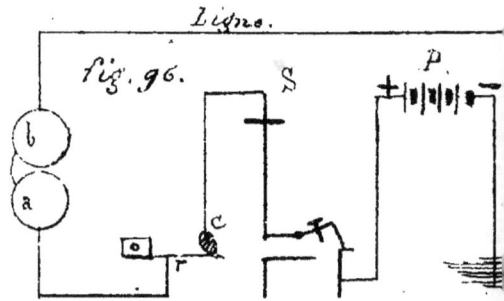

Imprimerie Chapront 173 rue du Temple Paris.

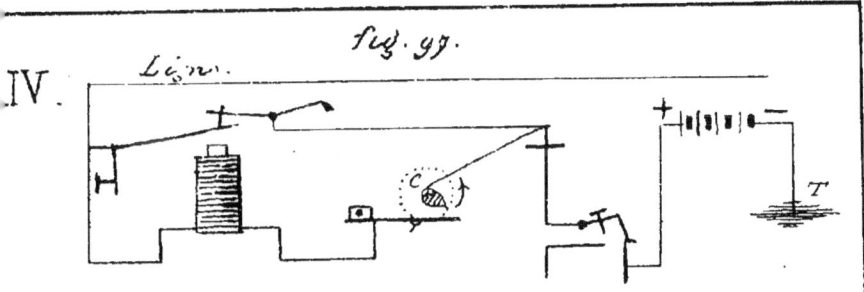

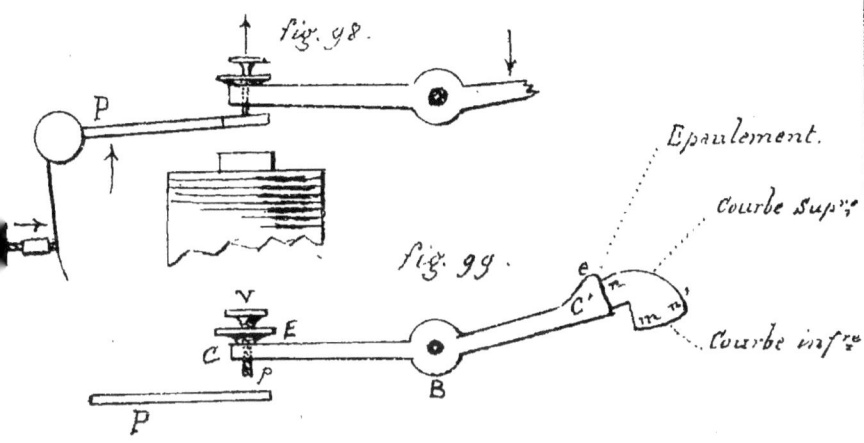

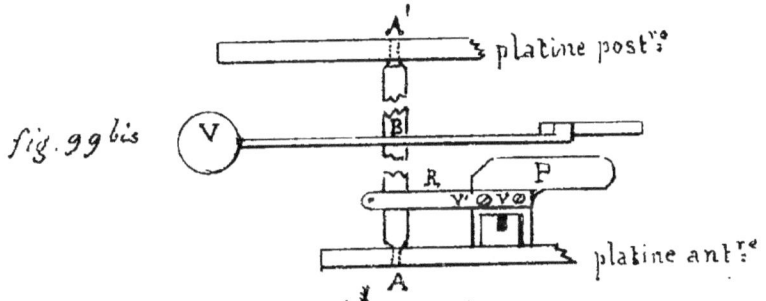

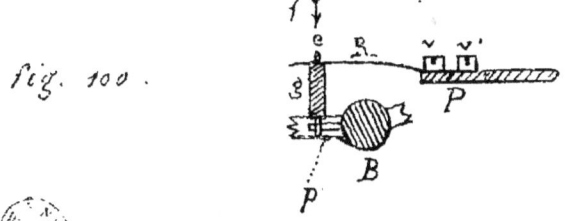

IV.

fig. 97.

Ligne.

fig. 98.

P

Épaulement.

Courbe Sup.re

fig. 99.

e
C'
m n'
B
Courbe inf.re

C E
V
P
P

fig. 99 bis

A'
platine post.re

V
B

R
P
v' ⊘ v ⊘

A
platine ant.re

fig. 100.

e
R
g
v̌ v'
P
B
p

Challigny del.

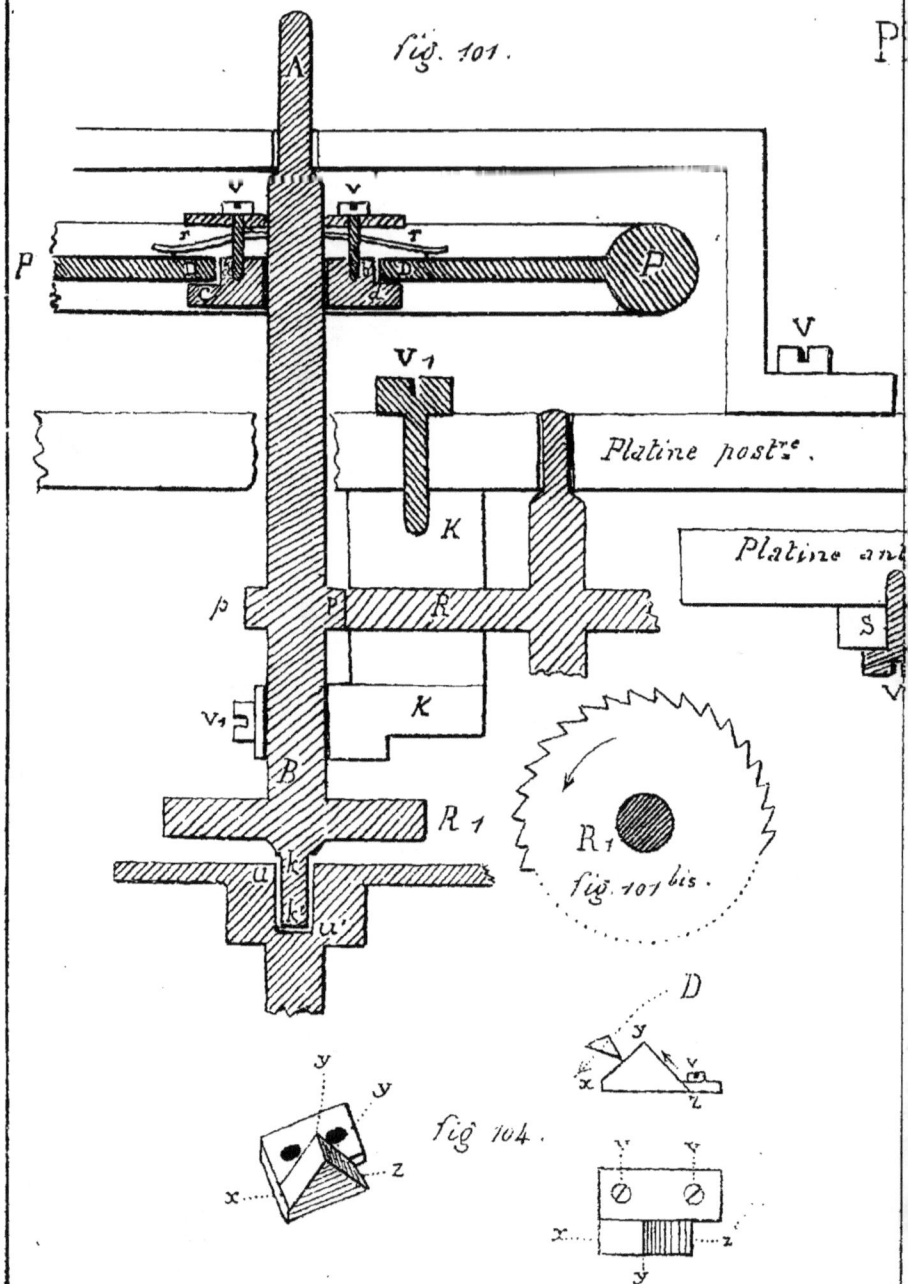

fig. 101.

P

P

P

V_1

K

Platine post^{re}.

Platine ant^e.

p   R   S

V_1 K

B

R_1

R_1

fig. 101 bis.

D

fig. 104.

V.

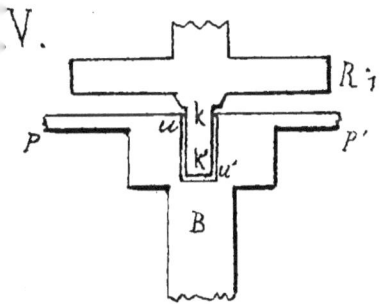

R_7

P P'

u k

k u'

B

fig. 102.

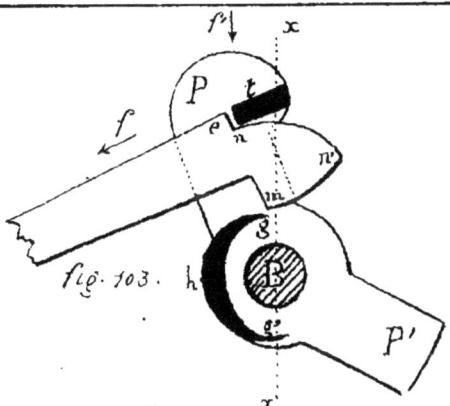

fig. 103.

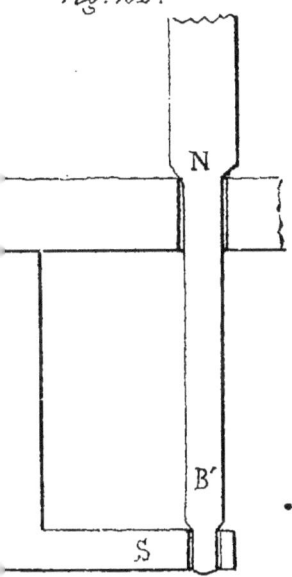

N

B'

S

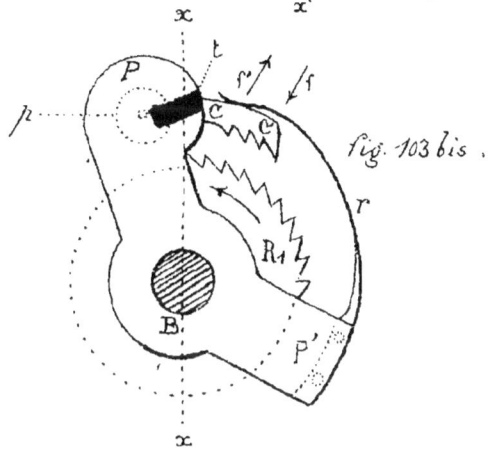

fig. 103 bis.

P

p

c c'

r

R_1

B

P'

x

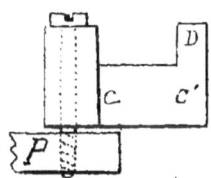

D

C C'

P

fig. 103 ter.

fig. 102 bis.

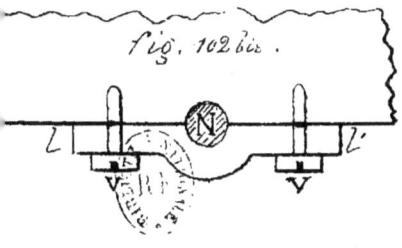

L N L'

V V

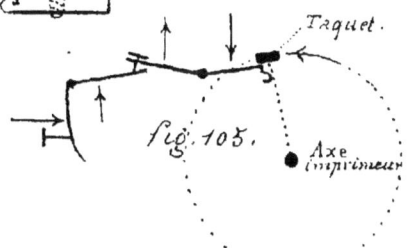

Taquet.

fig. 105.

Axe
imprimeur

P

fig. 106.

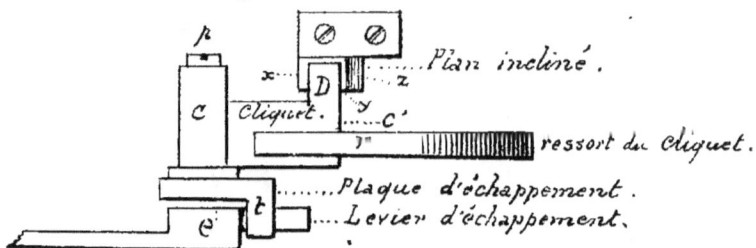

.... Plan incliné.

Cliquet.

.... ressort du Cliquet.

.... Plaque d'échappement.

.... Levier d'échappement.

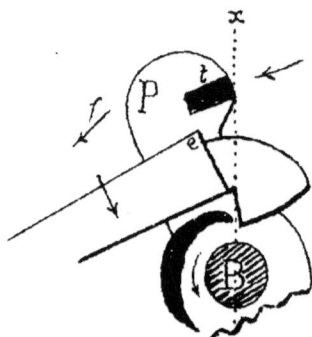

fig. 107.

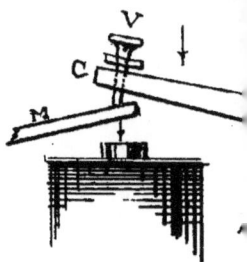

fig. 108.

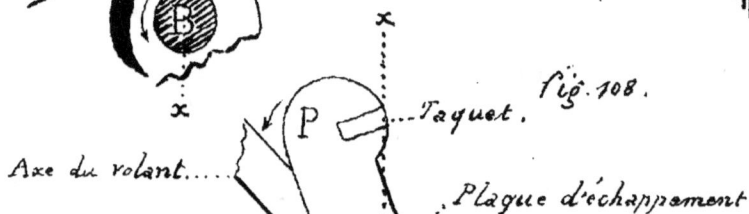

Taquet.

Axe du volant....

Plaque d'échappement

fig. 109.

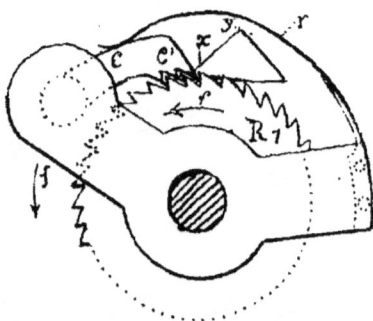

Came d'entrainement

Axe imprimeur

P.

R

fig. 111.

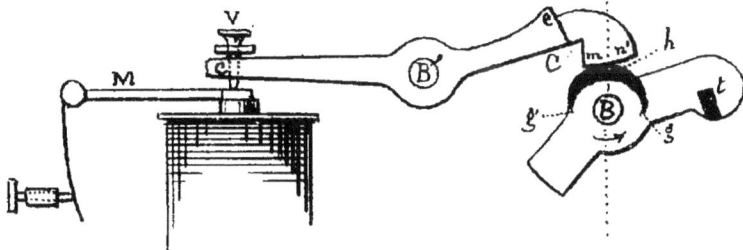

fig. 110.

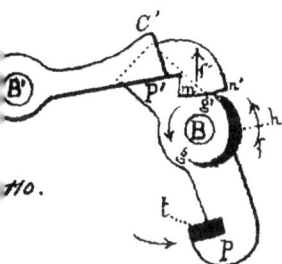

fig. 112.

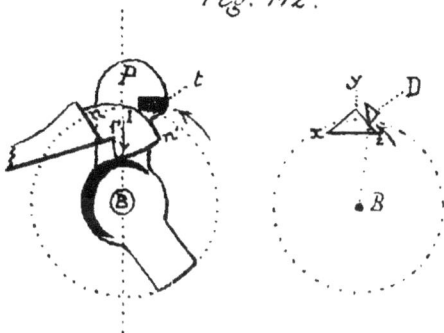

*ue ant*ʳᵉ.

fig. 113.

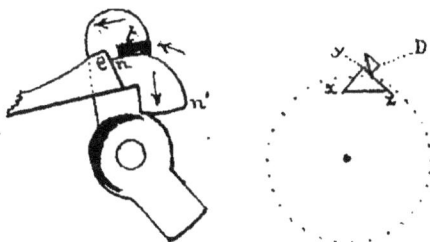

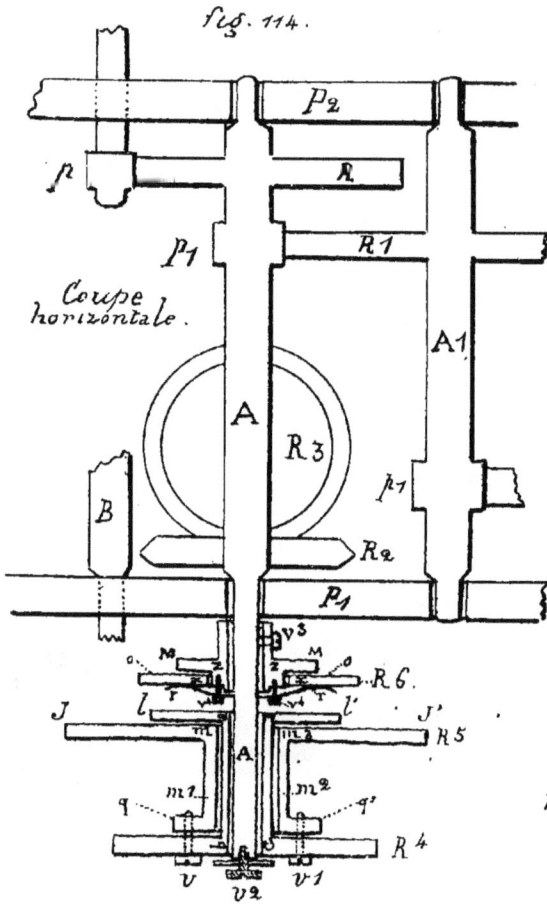

fig. 114.

Coupe horizontale.

fig. 119.

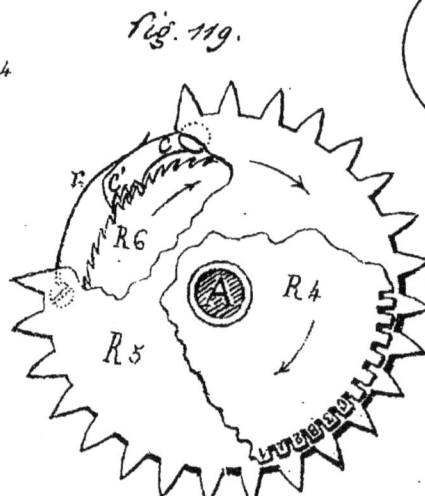

fig. 118.

Ressort de la roue de frottement.

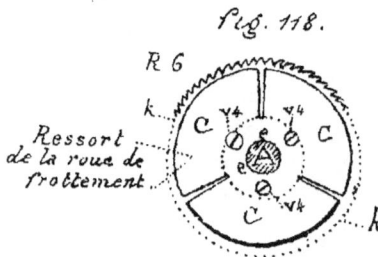

Imprimerie Chaprout 179 rue du Temple Paris.

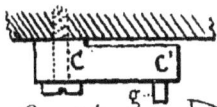

fig. 116 ter.

15.

V1

V2

R 4

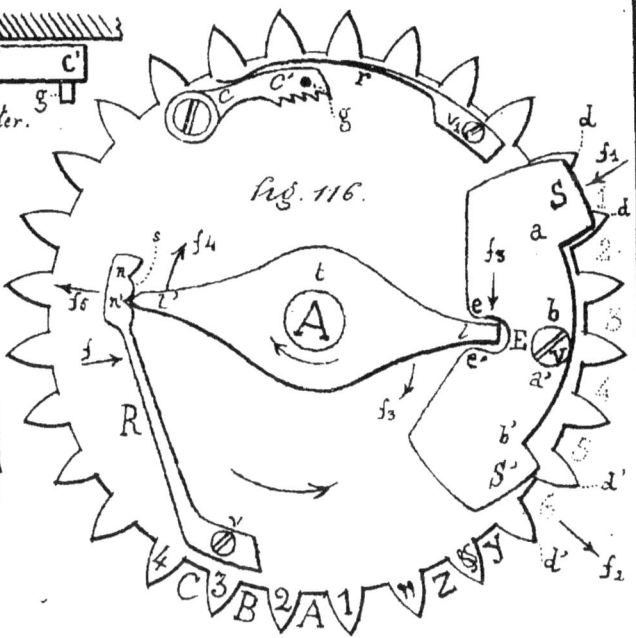

fig. 116.

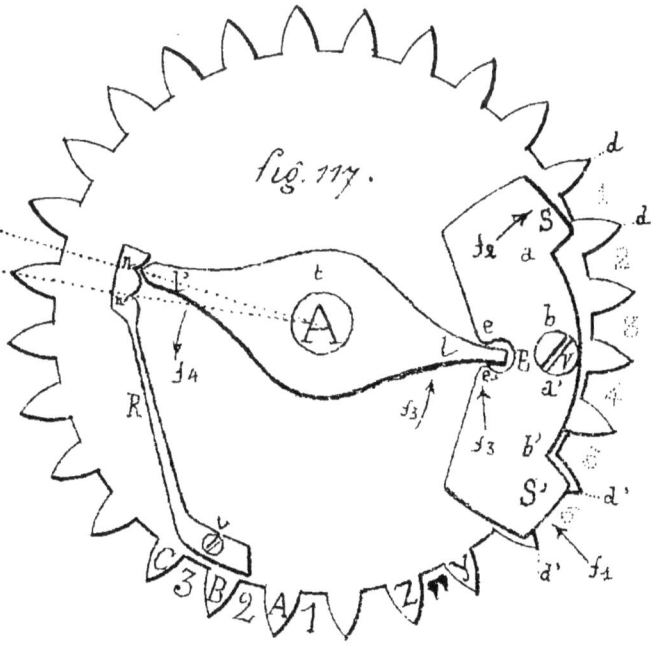

fig. 117.

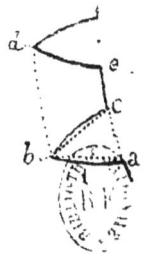

fig. 116 bis.

Chaligny del.

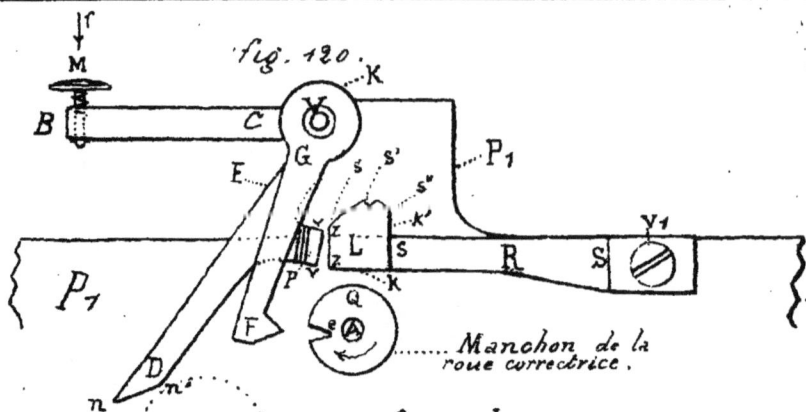

fig. 120.

Manchon de la roue correctrice.

fig. 120 bis.

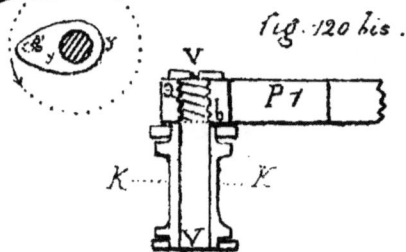

fig. 121.

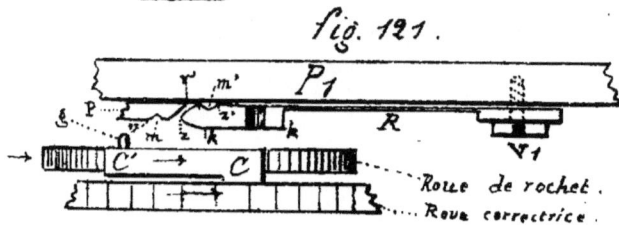

Roue de rochet.

Roue correctrice.

fig. 122.

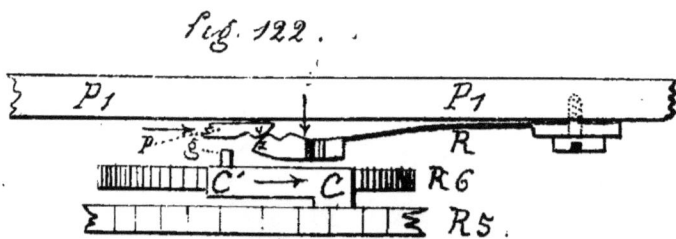

fig. 122 bis.

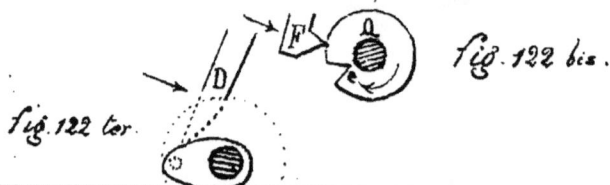

fig. 122 ter.

Imprimerie Chaproux 179 rue du Temple Paris.

VIII.

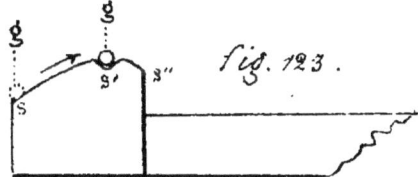

fig. 123.

fig. 123 E.

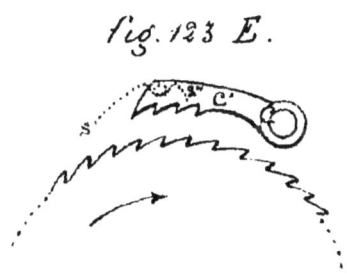

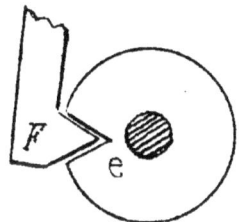

fig. 123 B.

A

fig. 123 C.

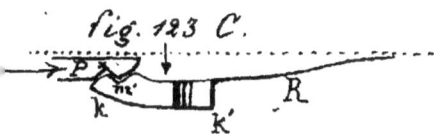

fig. 123 D.

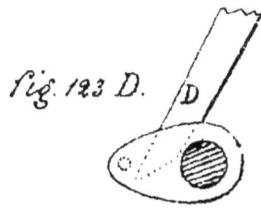

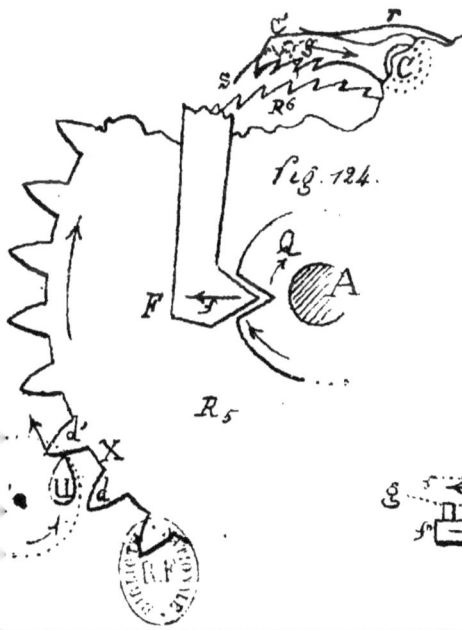

fig. 124.

fig. 124 ter.

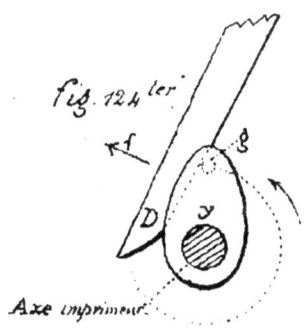

Axe imprimeur.

fig. 124 bis.

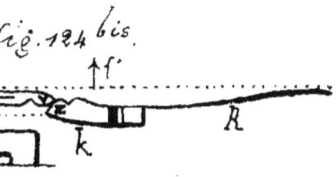

Chaligny del.

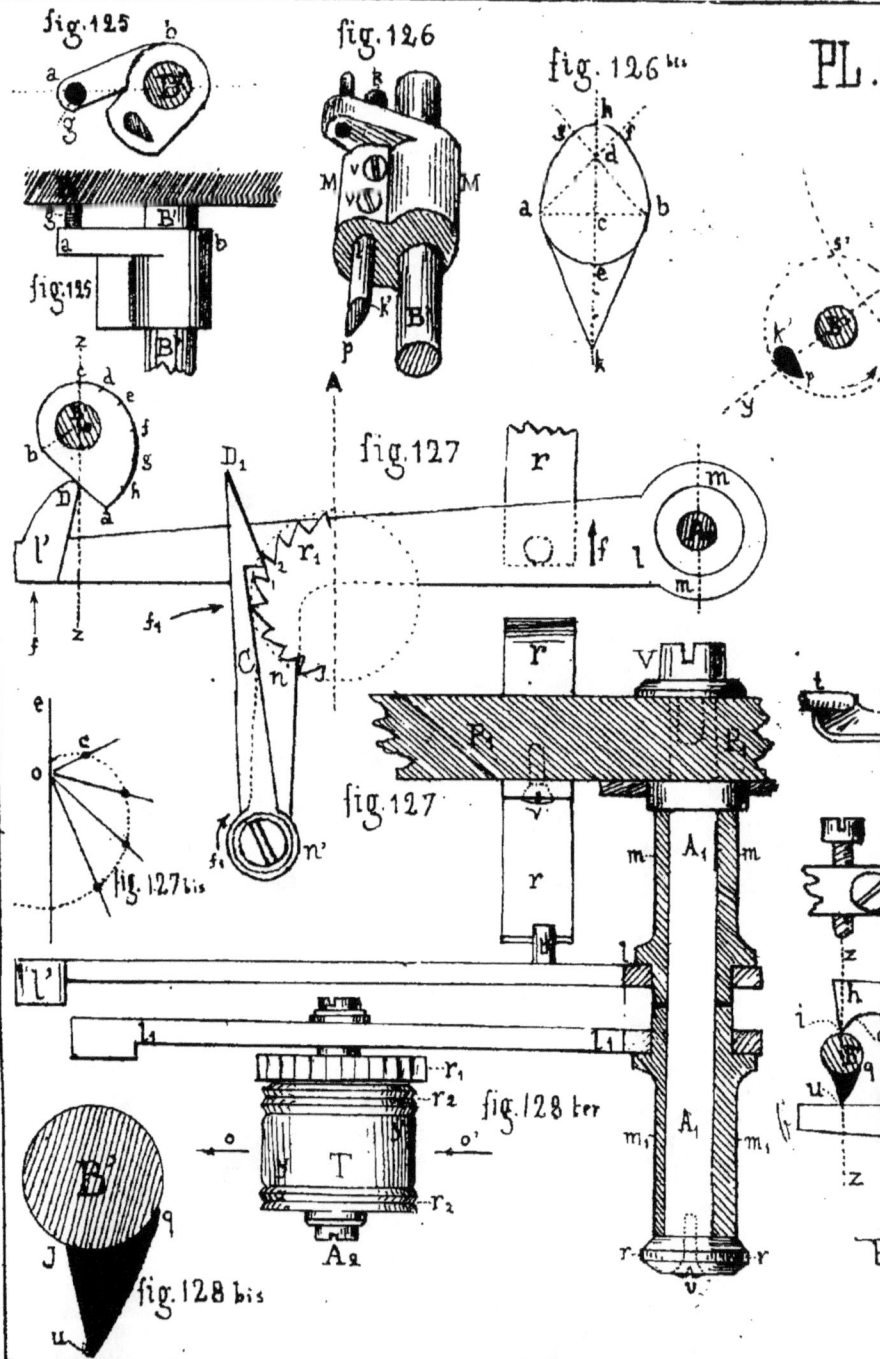

fig. 125

fig. 126

fig. 126 bis

PL.

fig. 125

fig. 127

fig. 127

fig. 127 bis

fig. 128 ter

fig. 128 bis

Imprimerie Chapront Rue du Temple 179 Paris. — Gilbert del.

X

x

y

$51°48$

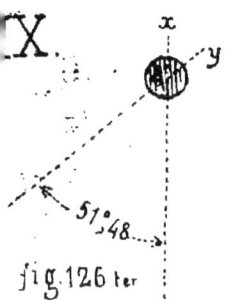

fig. 126 ter

x

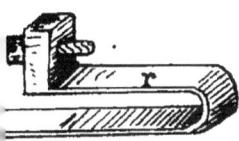

fig. 127 ter

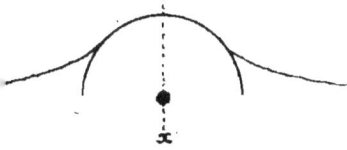

fig. 128

M

fig. 129

b_2

b_1

l_1

m_2

S

p_2

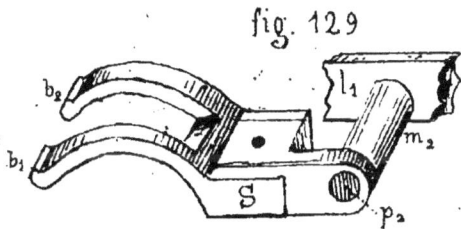

b

s

a

k

B'

fig. 130.

fig. 133

m

n

R^8

k'

r

1

2

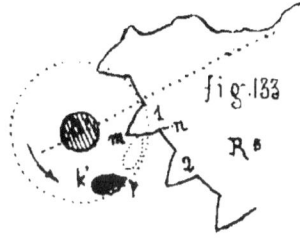

h

h

u

fig. 131

b

li

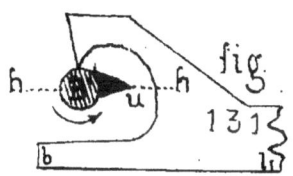

fig. 132

c

D

b

a

D_1

r_1

2

c

n'

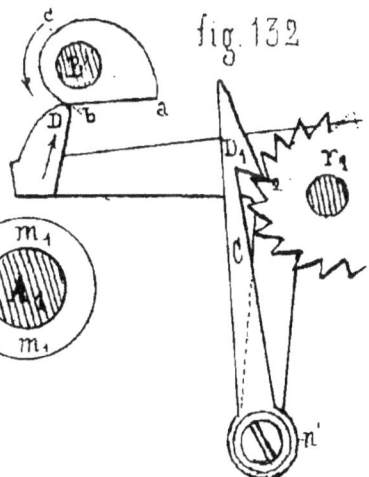

m_1

l_1

m_1

b_1

c

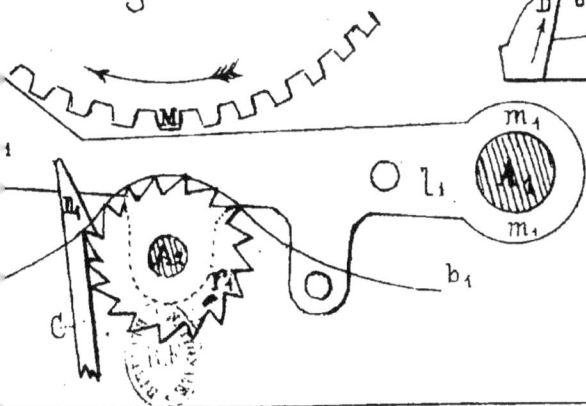

L. Borel autogr.

PL

fig. 134

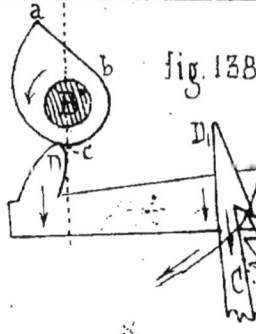

fig. 138

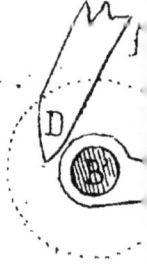

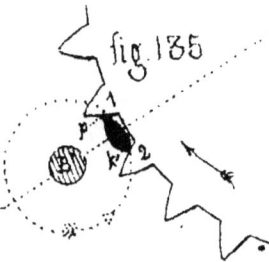

fig. 135

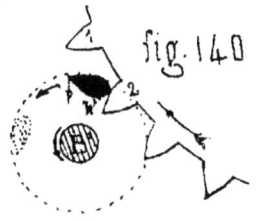

fig. 140

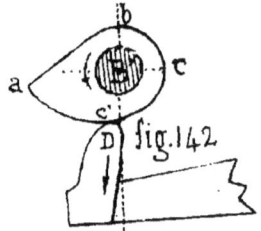

fig. 142

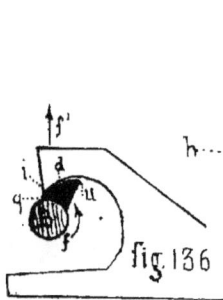

fig. 136

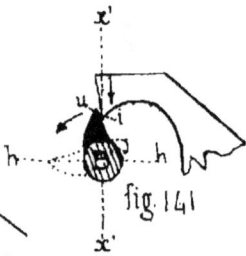

fig. 141

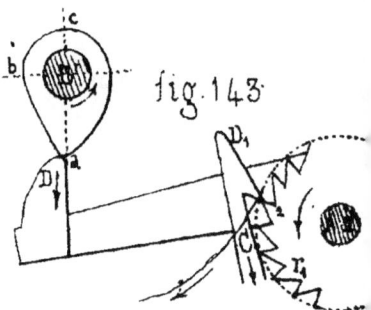

fig. 143

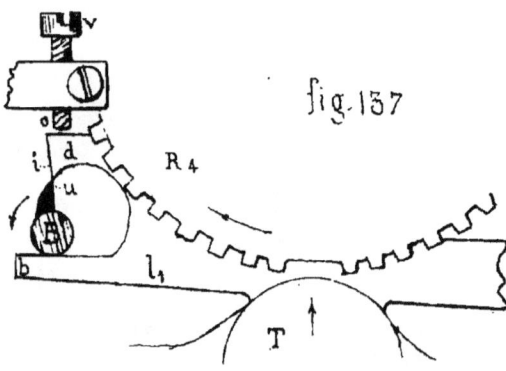

fig. 137

Imprimerie Chapront Rue du Temple 179 Paris. — Gilbert del.

X.

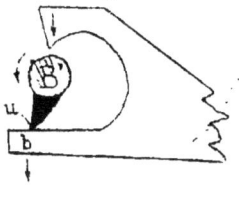

fig 145

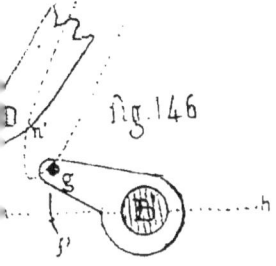

fig.146

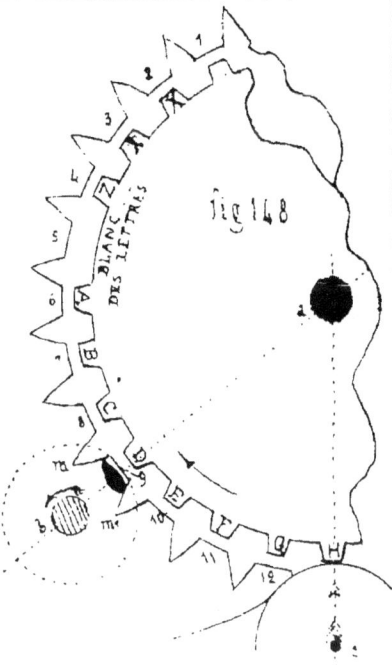

fig 148

BLANC DES LETTRES

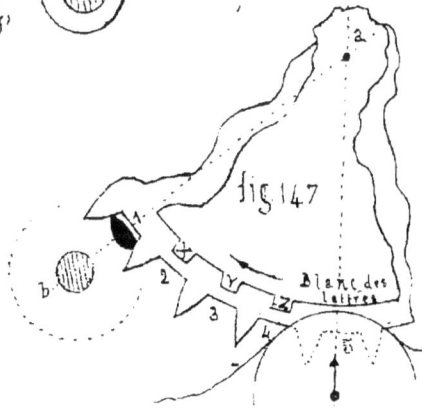

fig 147

Blanc des lettres

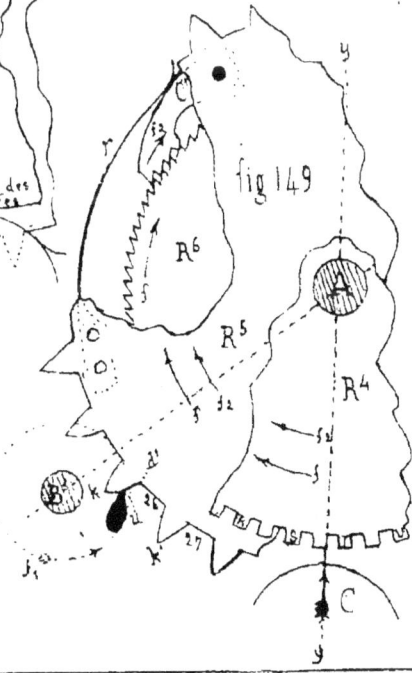

fig 149

fig.144

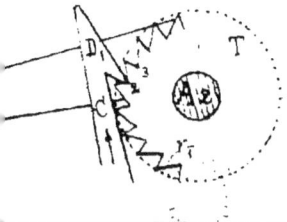

L Borel autogr.

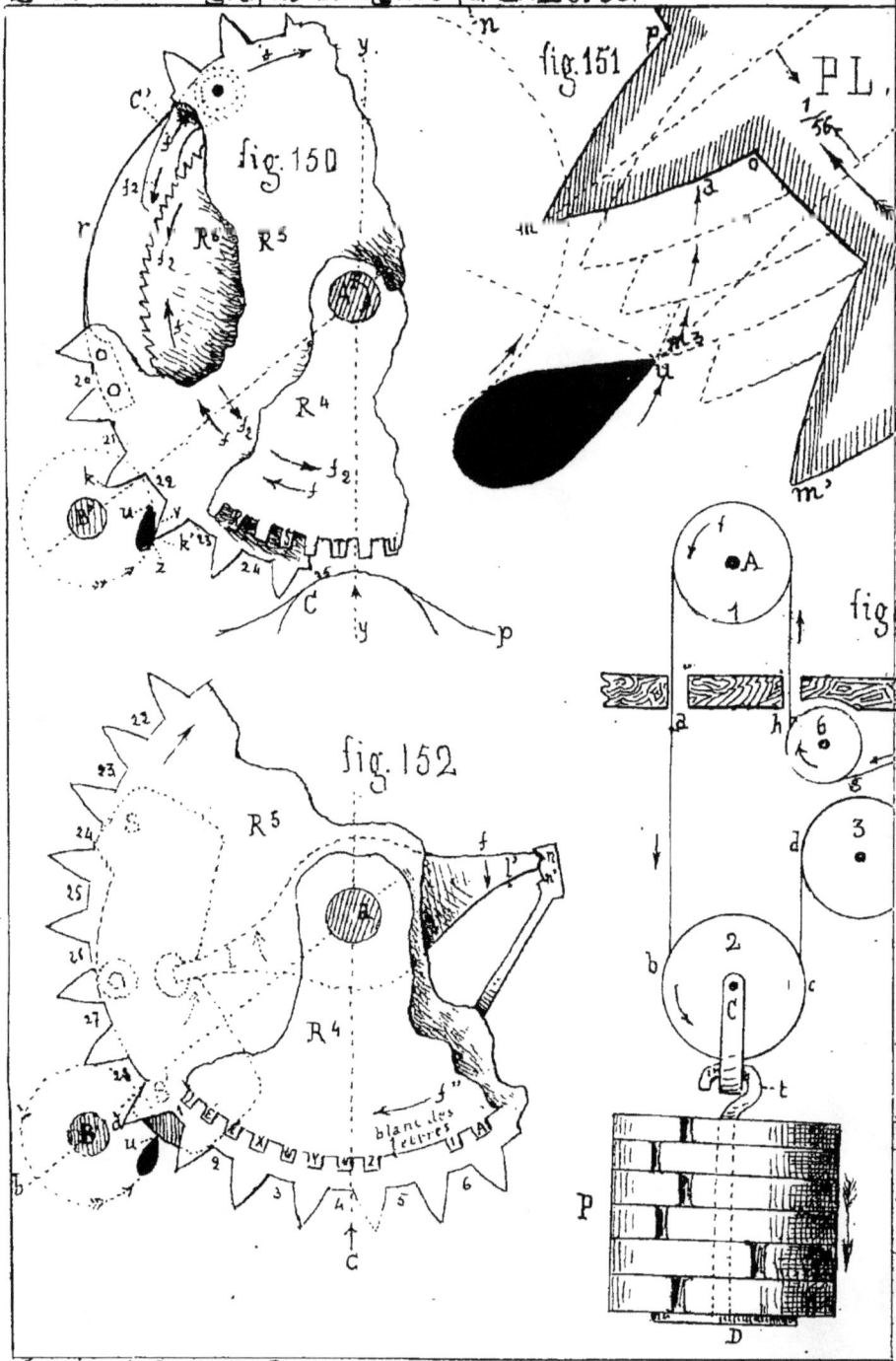

fig. 151

PL.

fig. 150

fig. 152

fig.

fig. 153

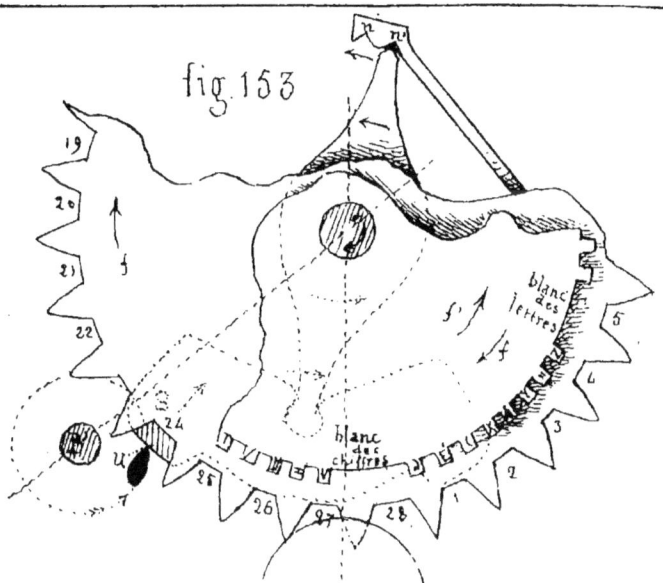

blanc des lettres

blanc des chiffres

Note. Voir la fig. 155 PL. XXII.

fig. 156

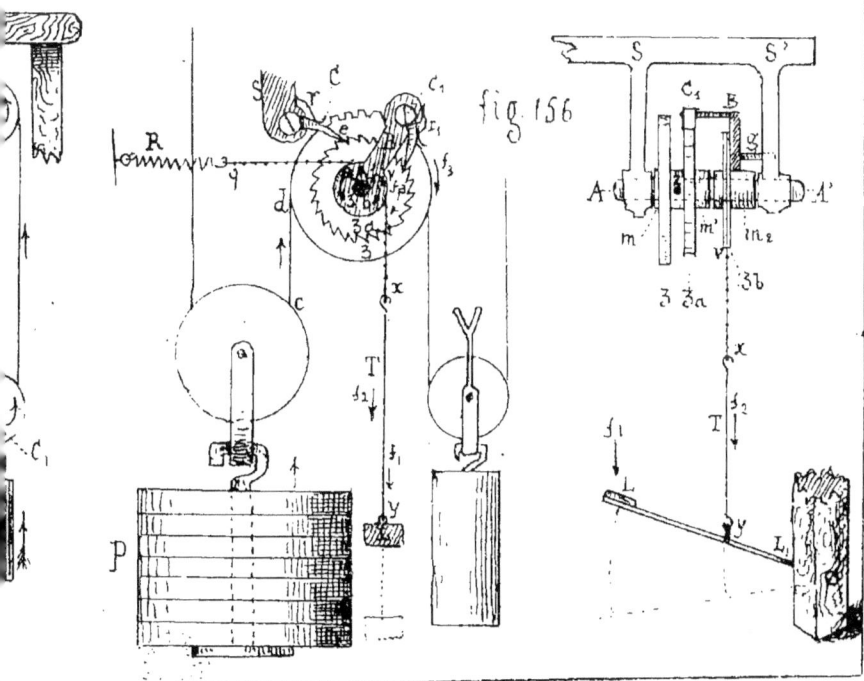

L Borel auteur

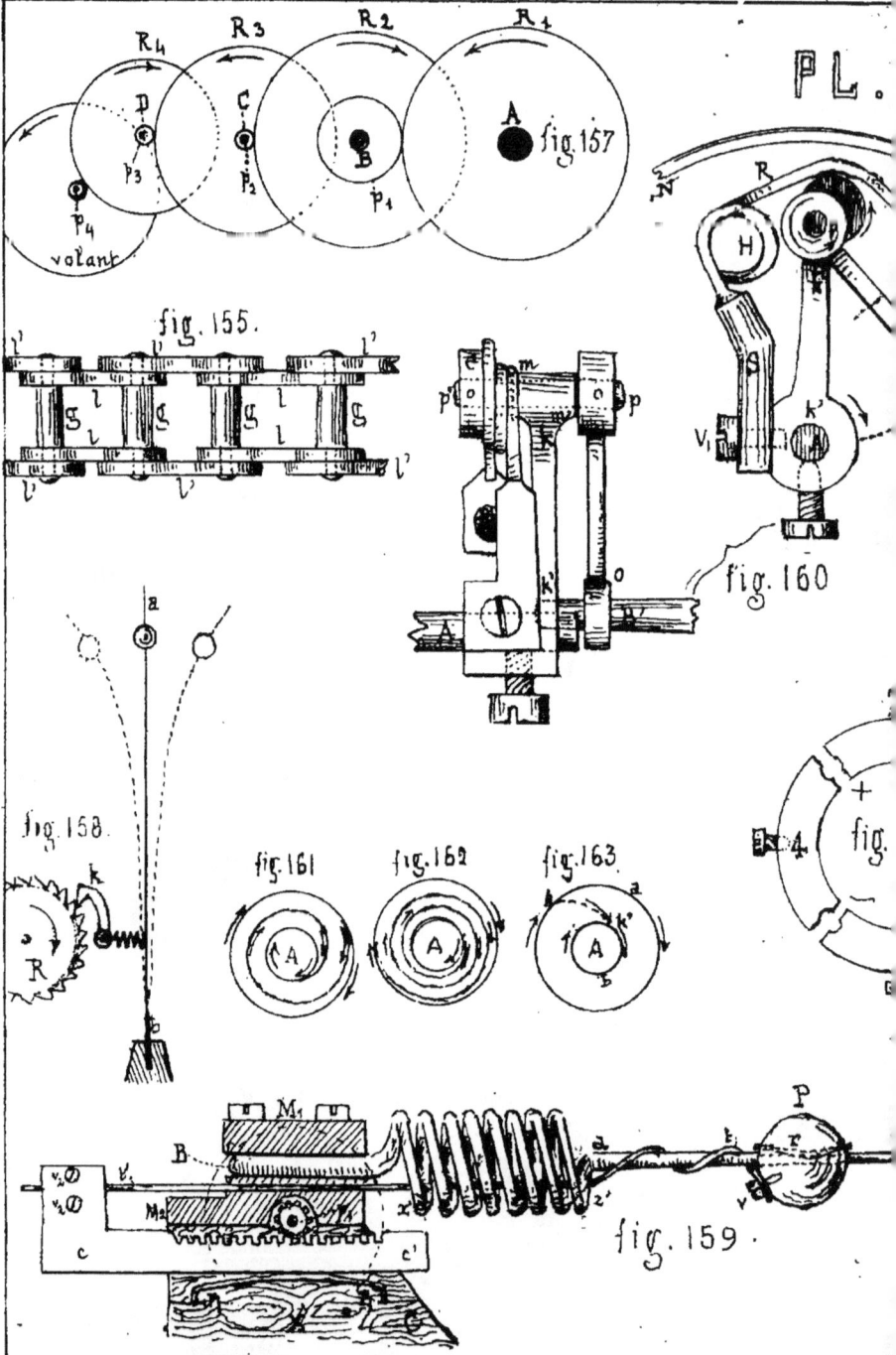

PL.

fig. 157

fig. 155.

fig. 160

fig. 158.

fig. 161   fig. 162   fig. 163

fig.

fig. 159.

XII.

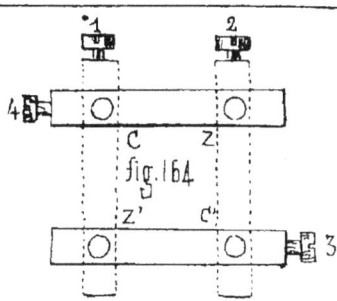

fig. 164

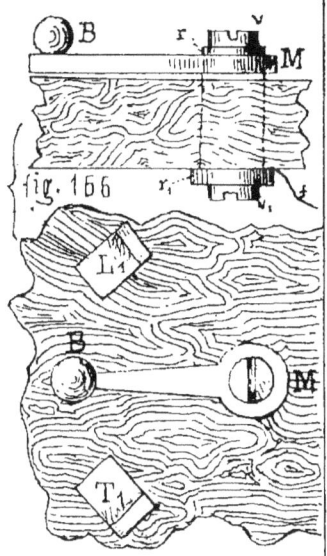

fig. 166

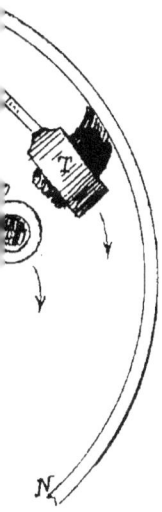

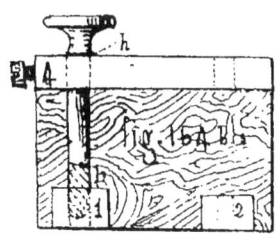

fig. 16A

N

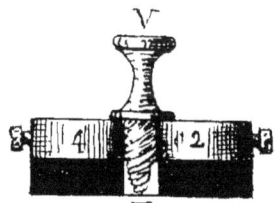

fig. 165 bis.

fig. 168.

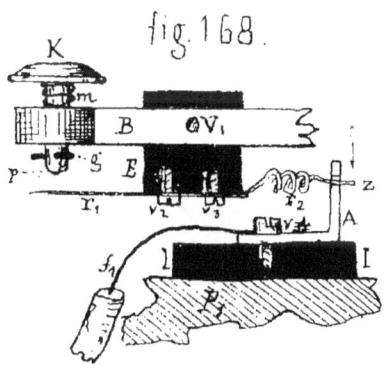

xe du volant

fig. 167

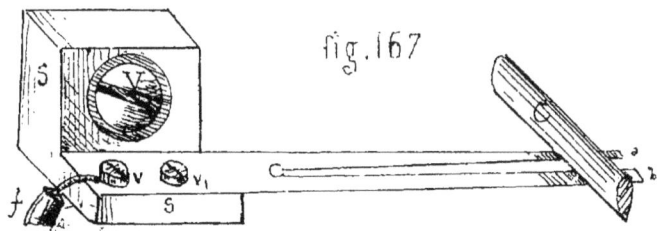

L. Borel autogr.

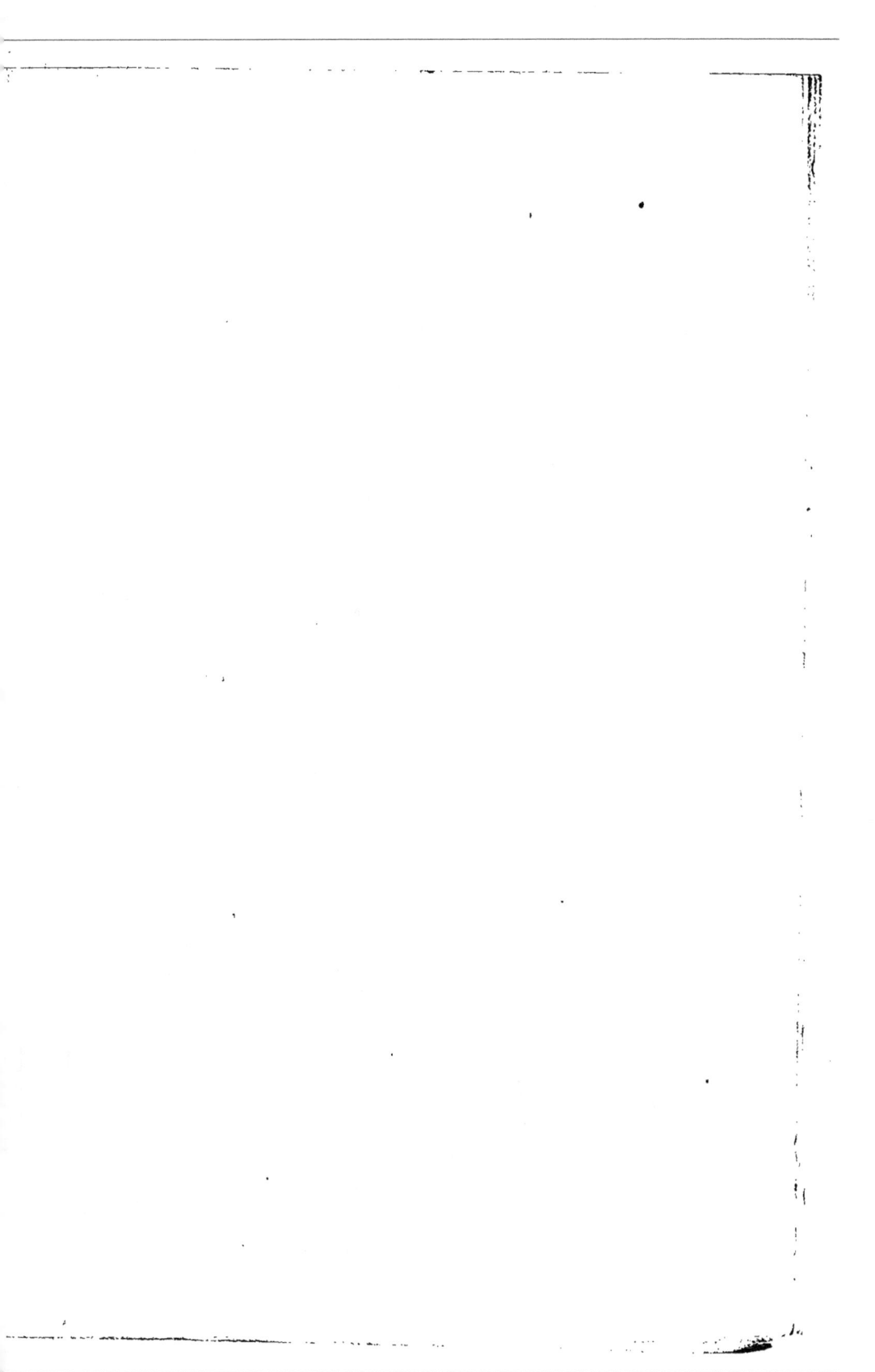

Etude du Télégraphe Hughes par L. Borel.

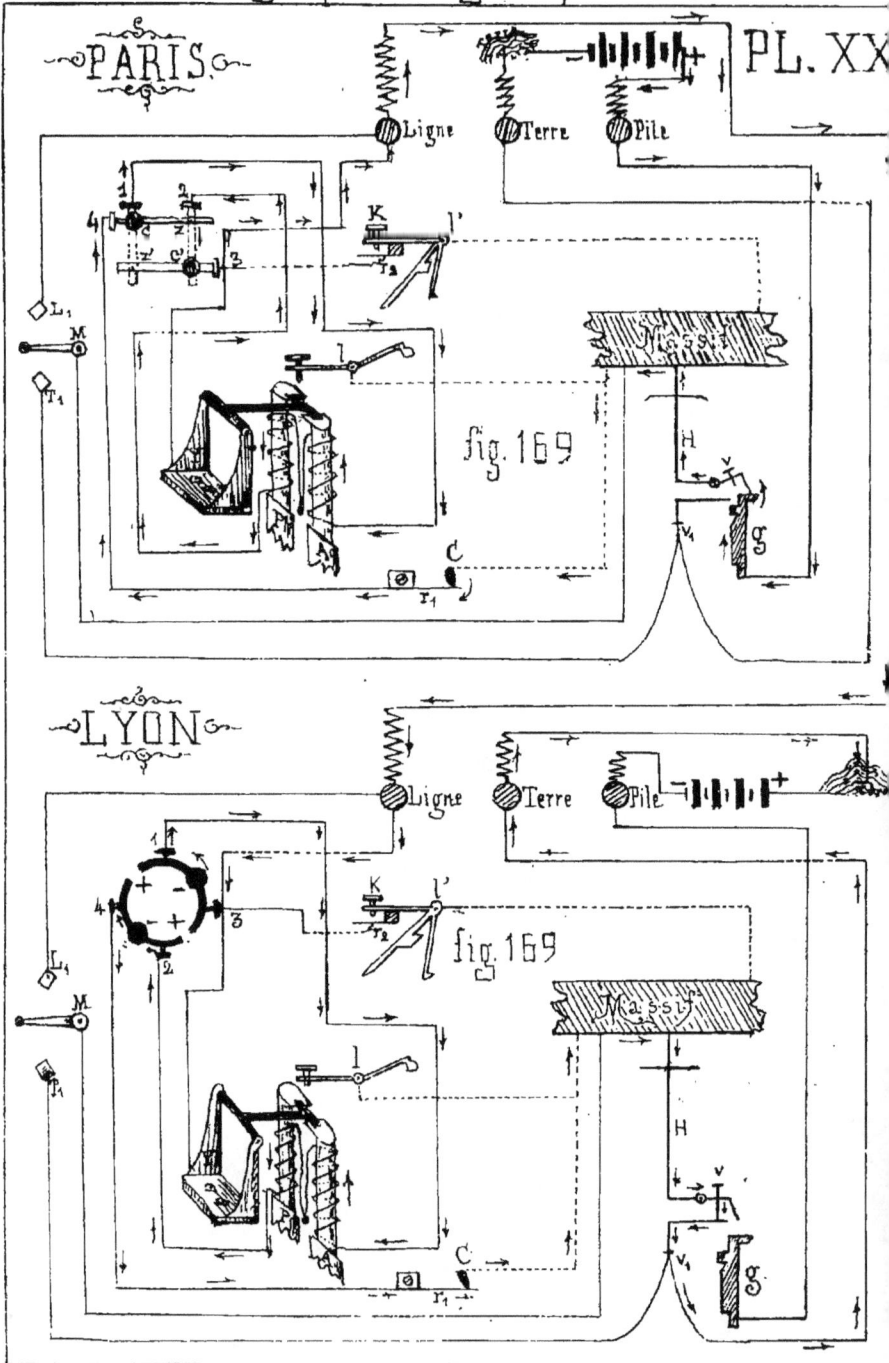

fig. 169

fig.169 bis

fig.170

fig.171

fig.171 bis

fig.173

fig.173 bis

fig.174

fig.175

fig.172
LYON (Relais)

PARIS

MARSEILLE

fig.169 ter

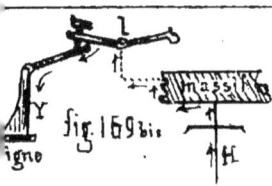

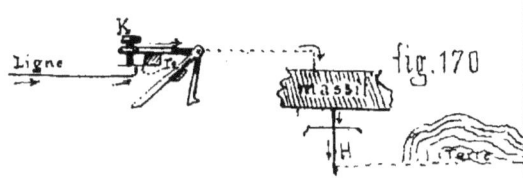

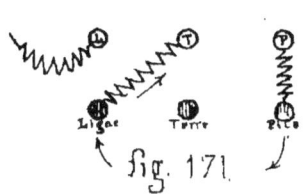

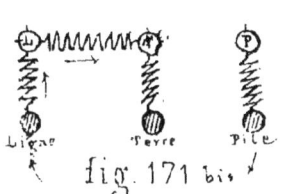

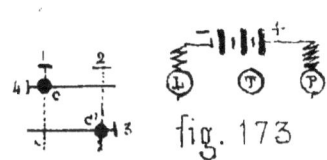

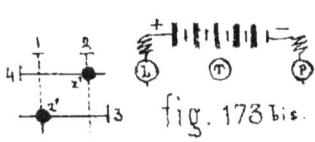

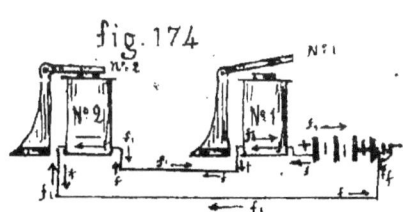

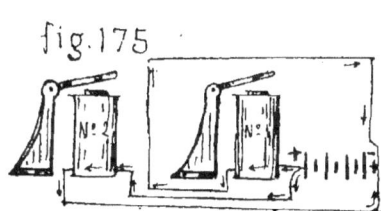

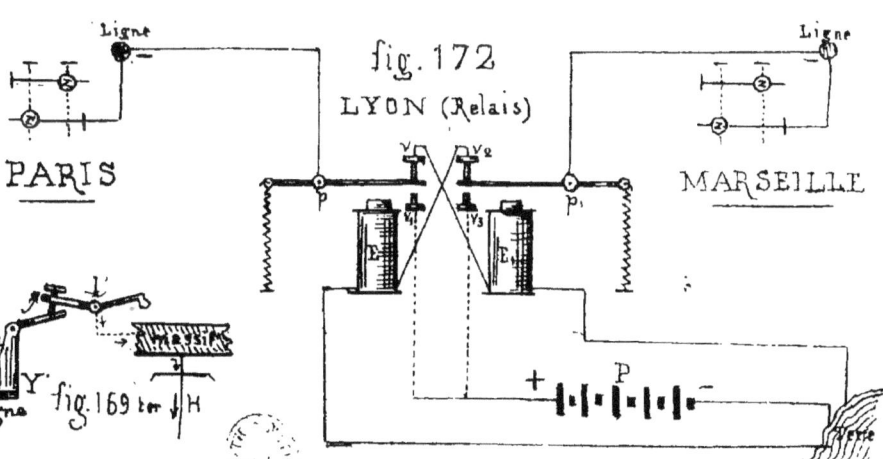

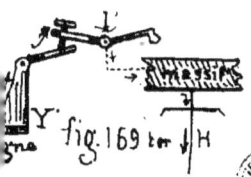

L. Burel del autogr.

PL. X

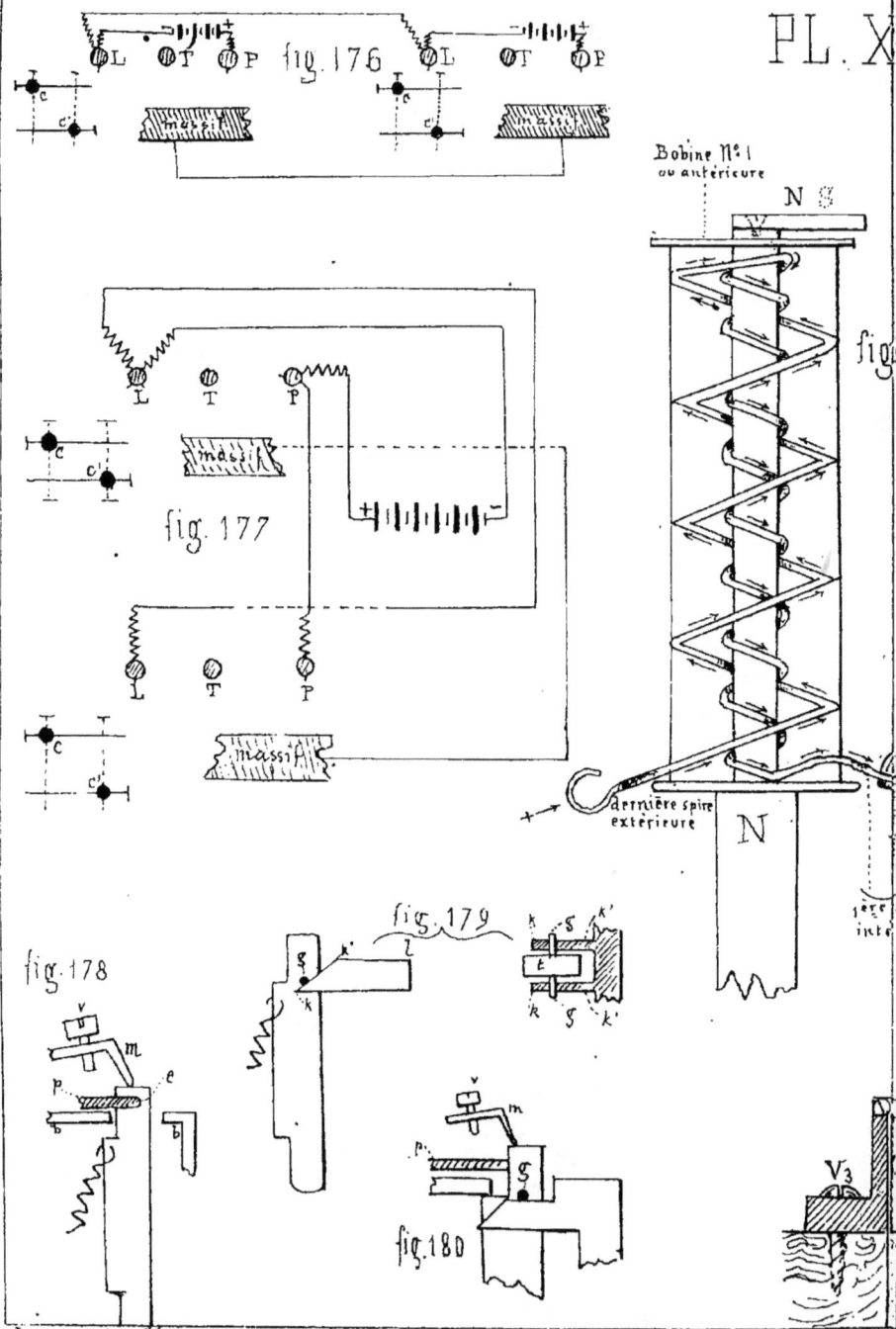

fig. 176

fig. 177

Bobine N.º 1
ou antérieure

N S

dernière spire
extérieure

N

fig. 179

fig. 178

fig. 180

V₃

V

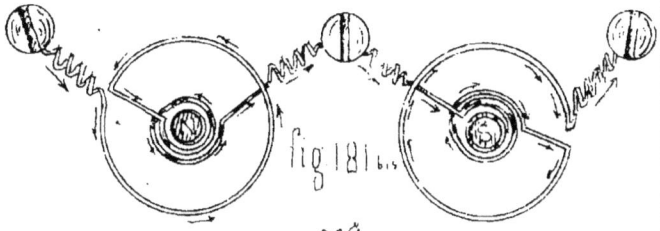

fig 181 bis

Bobine N° 2
ou postérieure.

N S

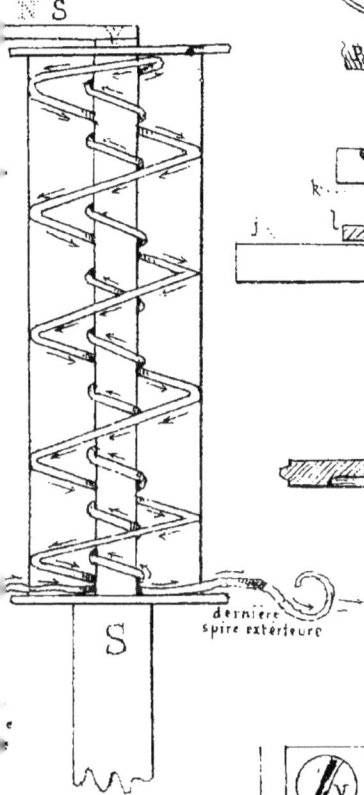

S

dernière
spire extérieure

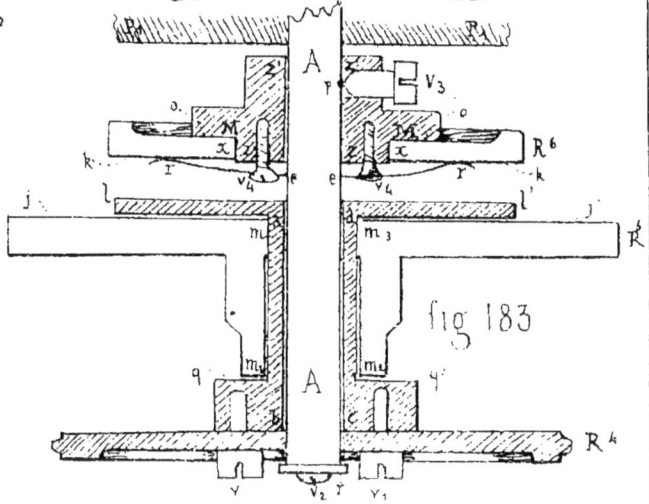

A_F V_3

P_M R_1

M x x R^6

k r v_4 e e v_4 r k

j l l' j K

m_3 m_3

fig 183

q m_1 m_1 q'

A c R^4

v V_2 r V_1

Note.

La fig 183 ci-dessus doit rempla-
cer la partie antérieure de la fig.
174 PL XVII dont la reproduction présente quelques points défectueux.

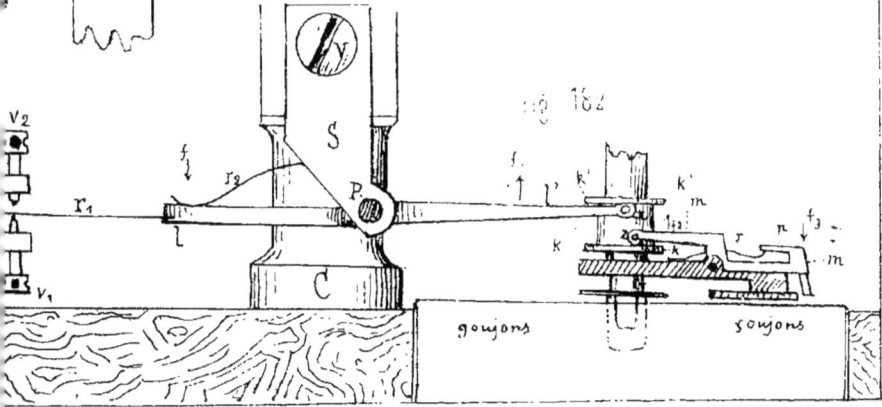

fig 182

y

S

V_2 f_4

r_2 P

r_1 f_1 l' k' k' m

l k k r n f_3 m

C

V_1

goujons   goujons

L Borel autogr

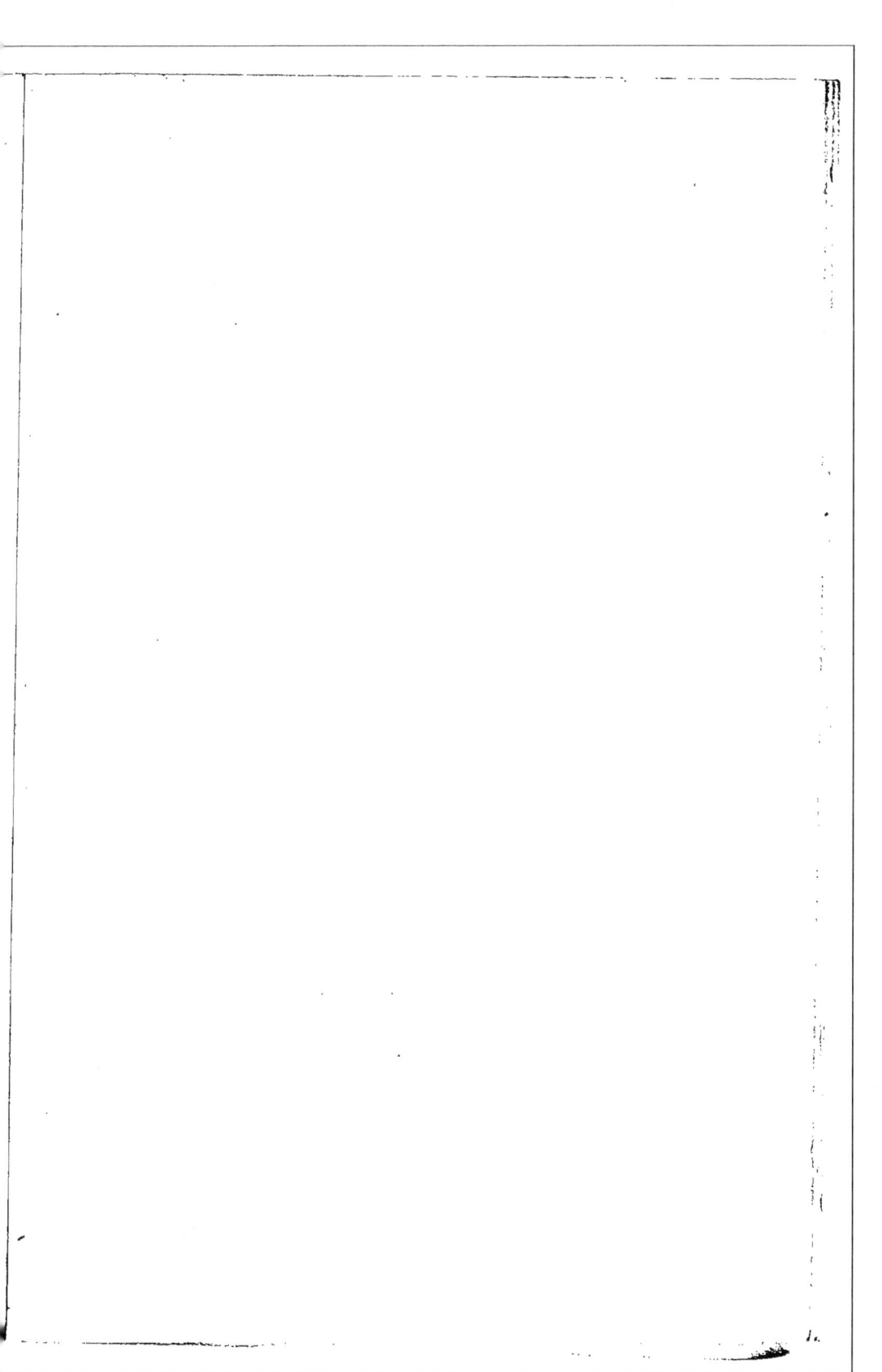

Etude du Télégraphe Hughes par L. Borel

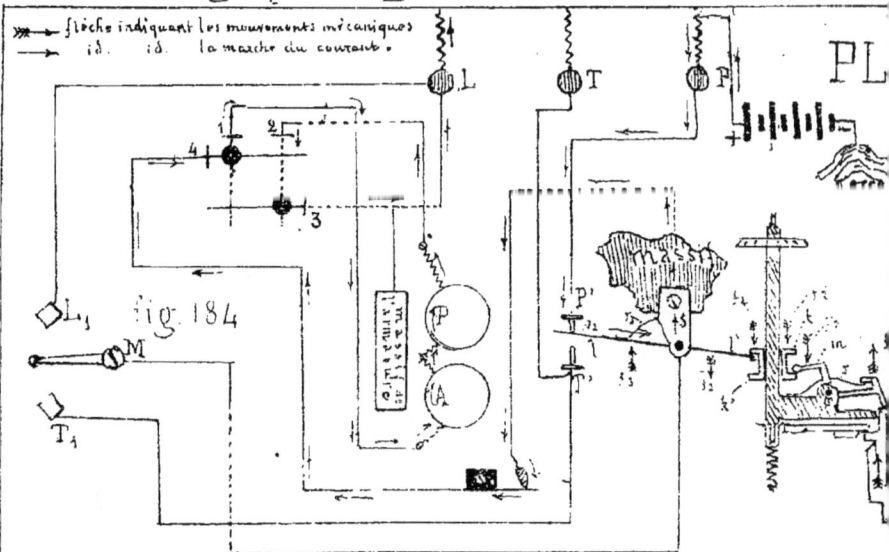

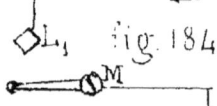

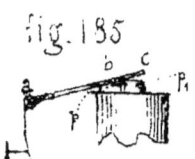

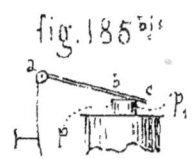

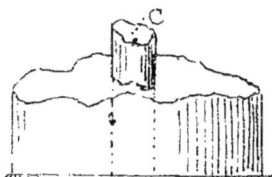

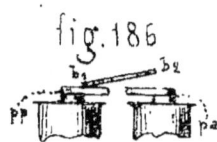

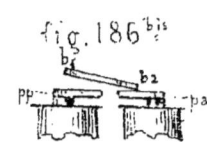

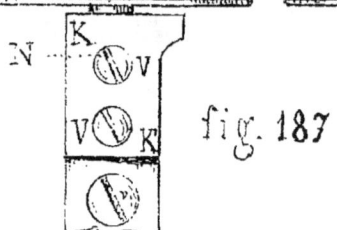

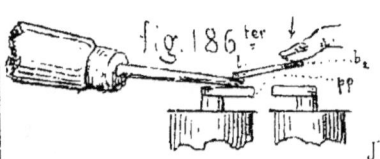

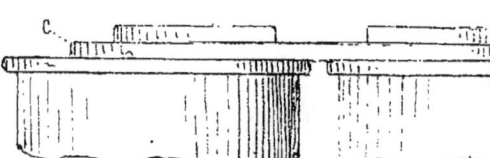

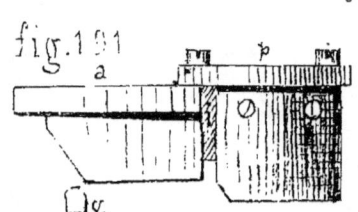

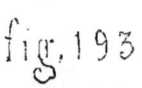

fléche indiquant les mouvements mécaniques
id.   id.   la marche du courant.

PL

fig. 184

fig. 185

fig. 185 bis

fig. 186

fig. 186 bis

fig. 187

fig. 186 ter

fig. 191

fig. 193

Imprimerie Chaprout 179 rue du Temple Paris. _ Gilbert del.

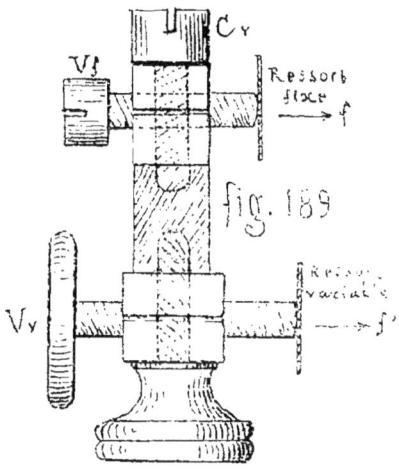

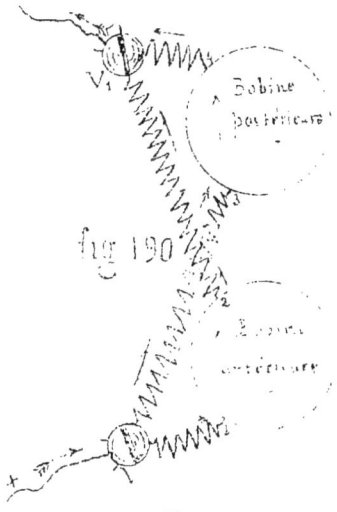

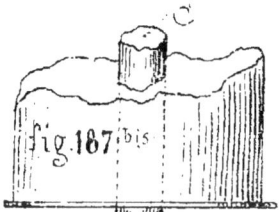

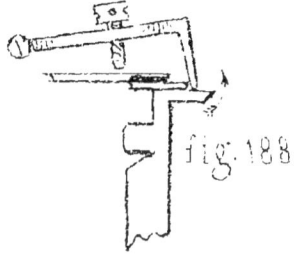

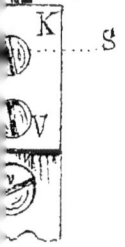

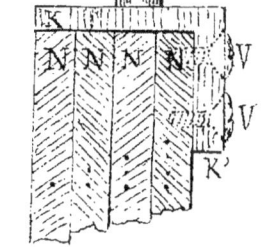

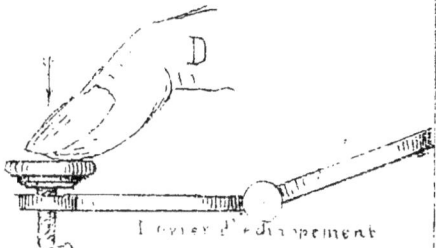

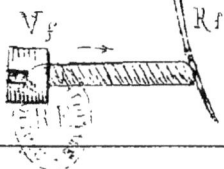

XV.

Ressort fixe → f

fig. 189

V_f

V_v

Ressort variable → f'

Bobine postérieure

fig 190

Bobine antérieure

fig. 188

fig. 187 bis

K N N N N V V K'

g

K

V

v

D

Levier d'échappement

Armature

D_1

fig. 192

J^1

V_f →

Rf

L. Borel autogr.

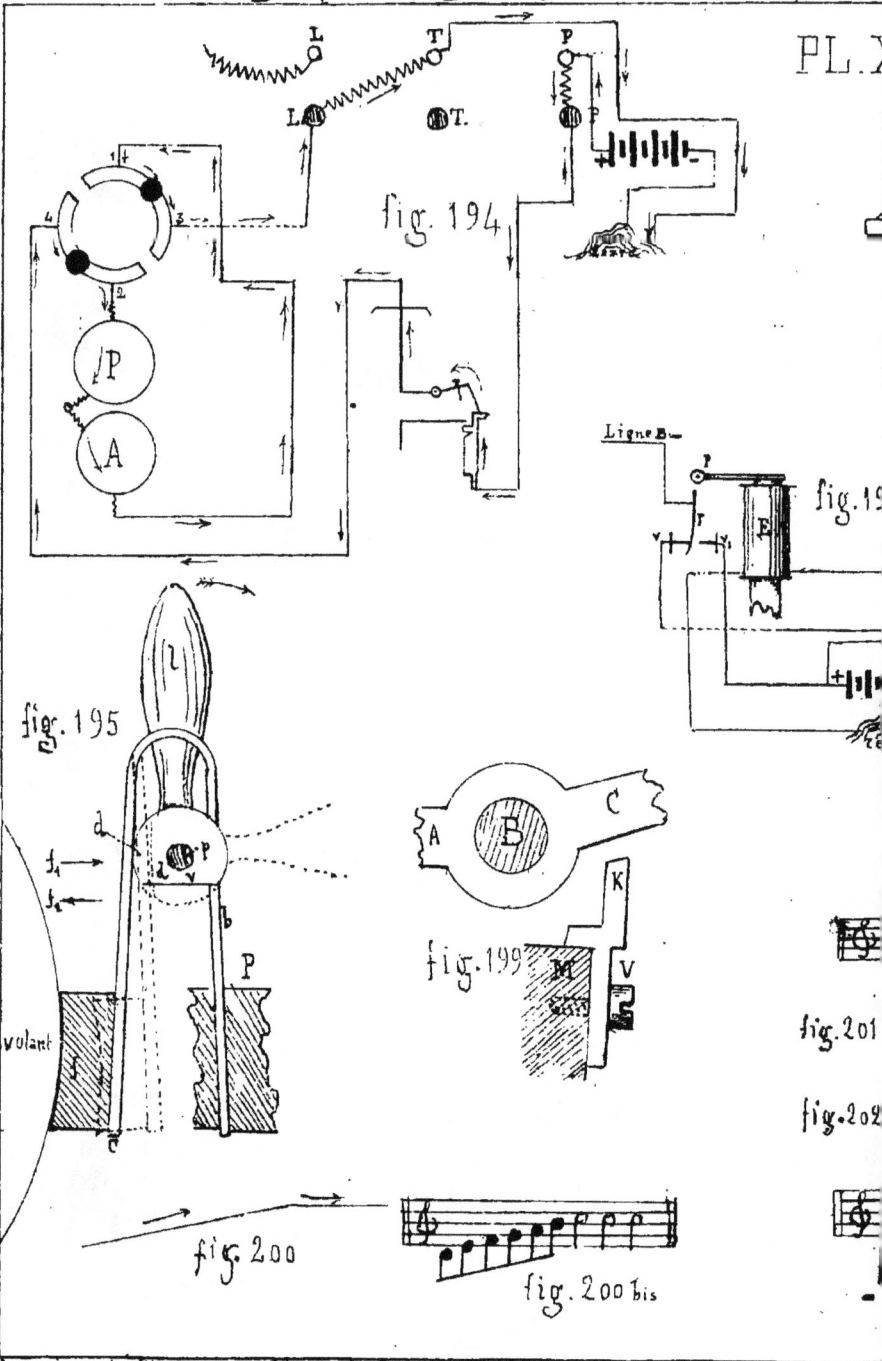

PL. X

fig. 194

Ligne B.

fig. 19

fig. 195

volant

P

fig. 199

A B C

K

M V

fig. 201

fig. 202

fig. 200

fig. 200 bis

Imprimerie Chaprant 179 rue du Temple Paris. — Gilbert del.

fig. 196

fig. 196 bis

fig. 196 ter

fig. 198

fig. 198 bis

fig. 198 ter

fig. 201 bis

fig. 202 bis

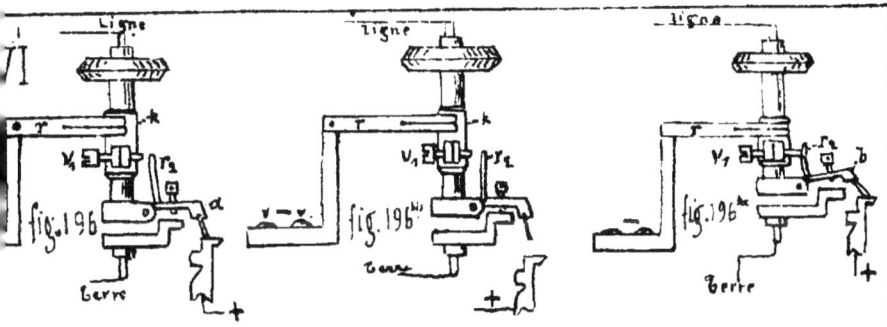

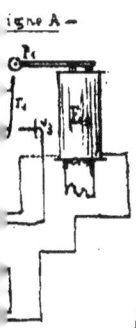

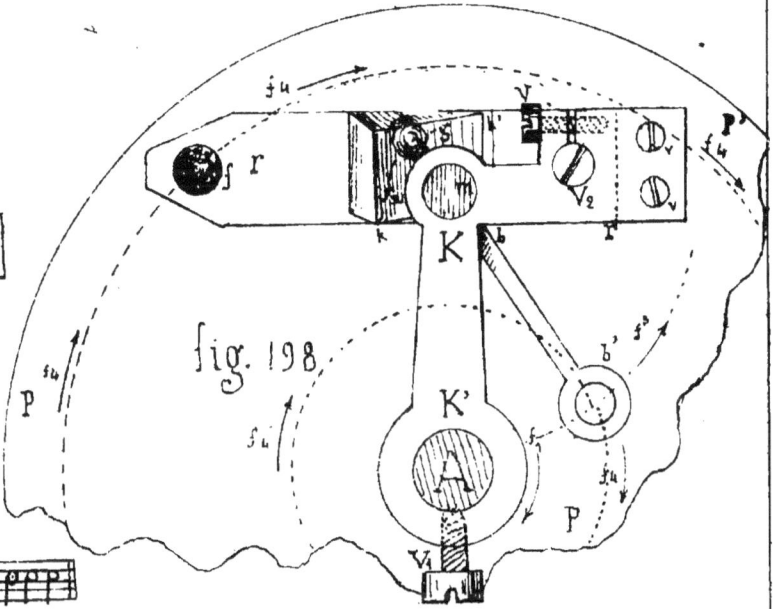

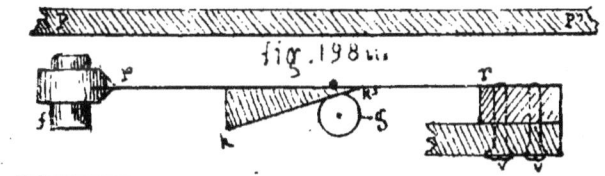

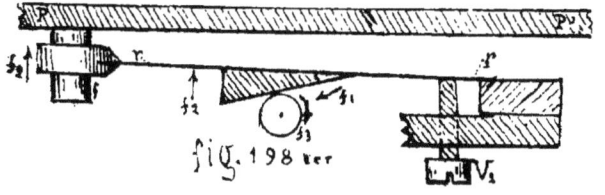

L. Borel autogr.

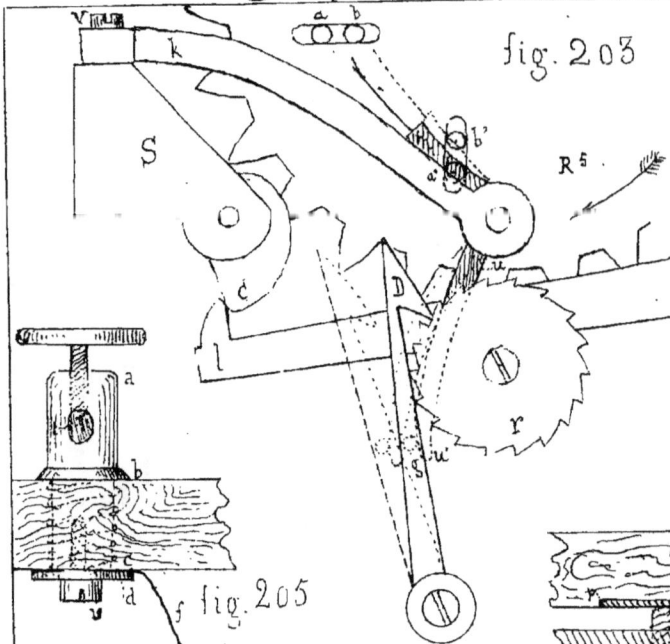

fig. 203

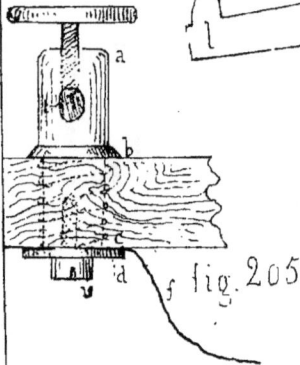

fig. 205

fig. 204

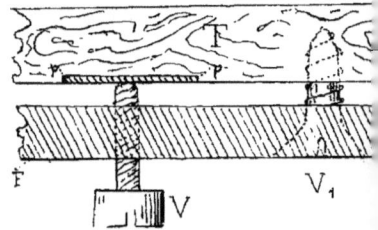

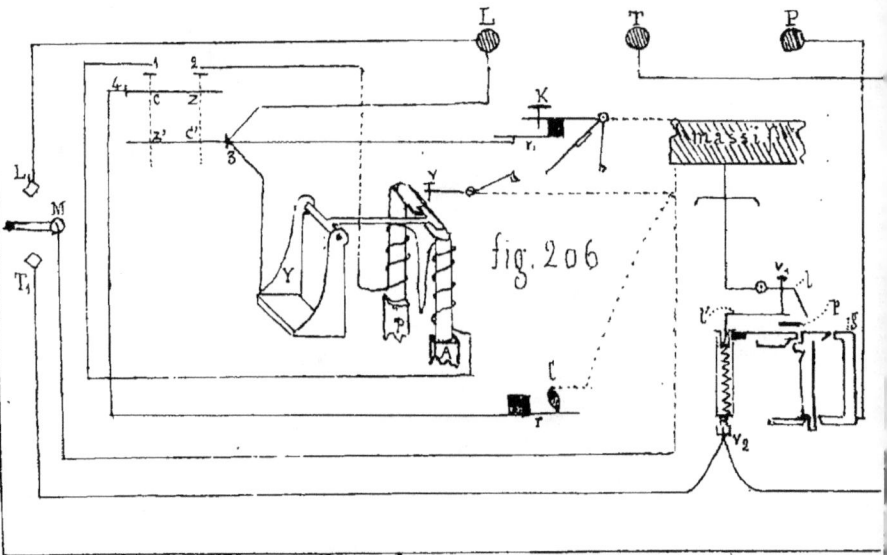

fig. 206

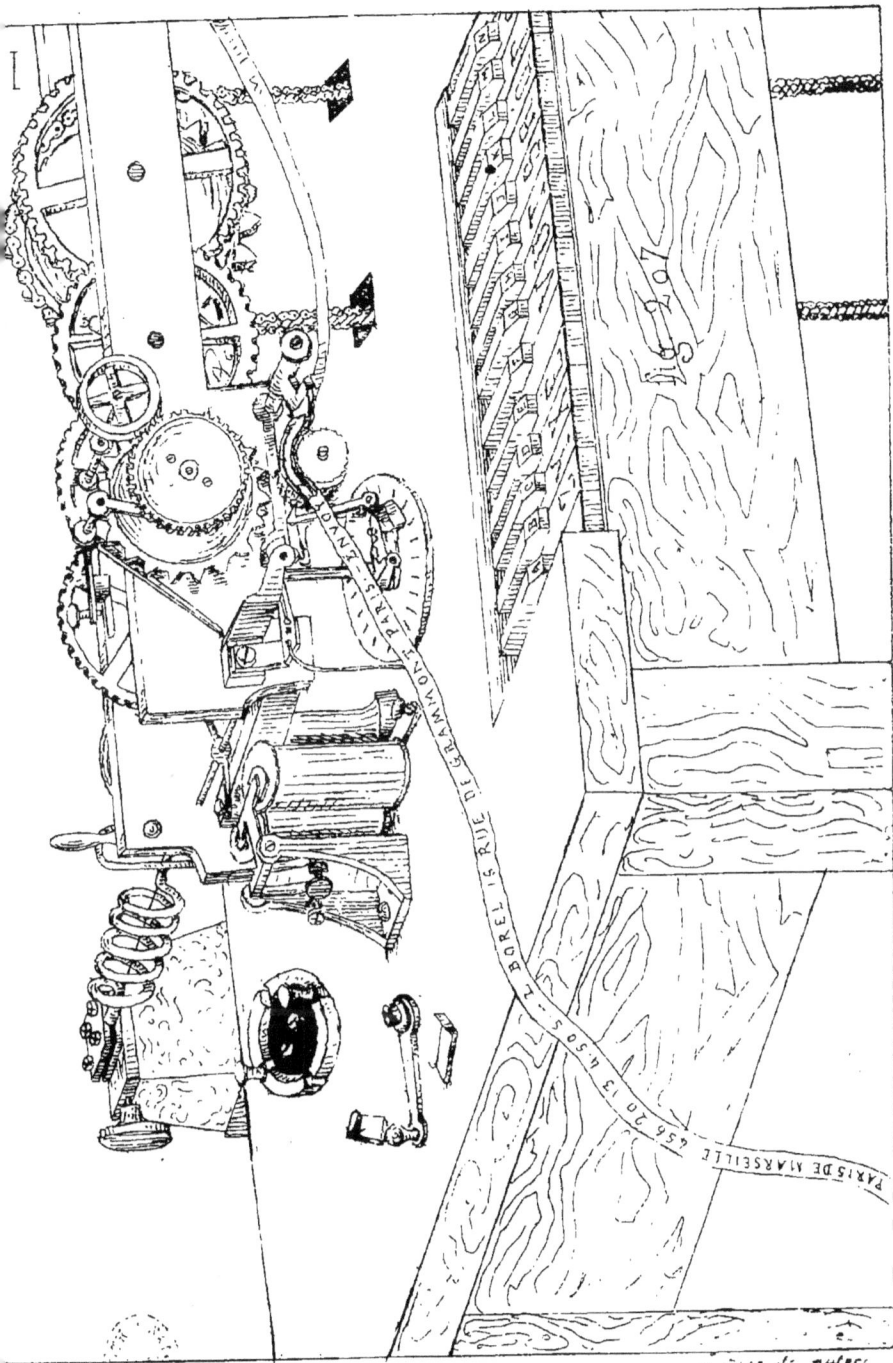

PARIS DE MARSEILLE 456 20 13 4 50 L L. BOREL 15 RUE DE GRAMMONT PARIS

www.ingramcontent.com/pod-product-compliance
Lightning Source LLC
Chambersburg PA
CBHW071213200326
41519CB00018B/5497